速効！ポケットマニュアル
Sokko! Pocket Manual

PowerPoint
パワーポイント

2019 & 2016 & 2013

魅せるプレゼンワザ

マイナビ

本書の使い方

◎ 1項目1～3ページで、プレゼンが劇的に変わるポイントを解説。
◎ タイトルを読めば、具体的にどうするかがわかる。
◎ 操作手順だけを読めばササッと操作できる。
◎ もっと知りたい方へ、補足説明とコラムで詳しく説明。

タイトルと解説
具体的にどう活用するか、どう便利なのかがわかります。

"魅せる"法則
この項でのセオリーを短くまとめて"法則"として掲示しました。

ポイント図解
上記"法則"を適用した際のBefor／Afterや、目標となるスライドなど、この項でのポイントを図で示しました。

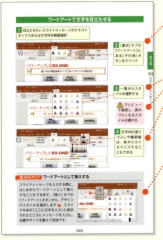

操作手順
番号順にこれだけ読めば1～2分で理解できます。

補足説明
知っておくと便利なことや注意点を説明します。

コラム
もっと詳しく知りたい方へ、スキルアップやトラブル解決の知識を紹介します。

サンプルデータのダウンロード

URL: https://book.mynavi.jp/supportsite/detail/9784839968601.html

※以下の手順通りにブラウザーのアドレスバーに入力してください。GoogleやYahoo!では検索できませんので、ご注意ください。

Windows 10の場合

1 ブラウザー（ここではMicrosoft Edge）を起動

2 ここをクリックして上記URLを入力し、Enterキーを押す

3 画面をスクロールし、「サンプルデータのダウンロードはこちら」のリンクをクリック

4 [保存]をクリック

5 ダウンロードが終了したら[開く]をクリック

6 フォルダーウインドウが開くので、ファイルをクリック

7 展開したい場所（ここでは[デスクトップ]）をクリックすると展開が始まる

8 ファイルが展開された。ダブルクリックすると、

9 章ごとに分かれたサンプルデータが表示される

※次ページの下の2つのコラムもお読みください

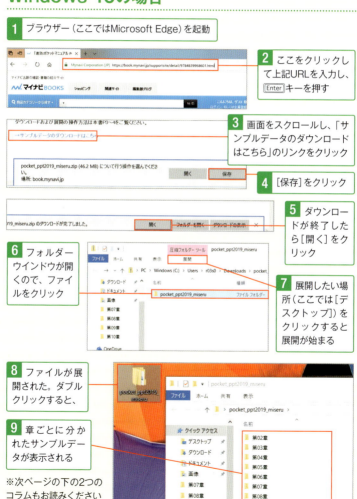

Windows 8.1/8/7/Vistaの場合

1 ブラウザー（ここではInternet Explorer）を起動

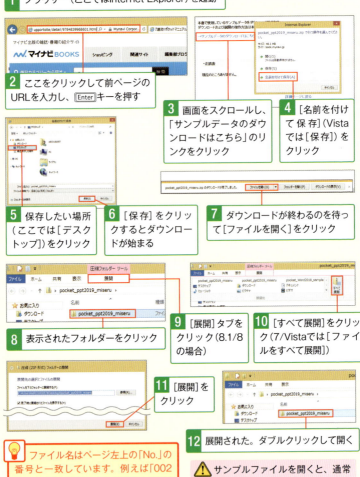

2 ここをクリックして前ページのURLを入力し、Enterキーを押す

3 画面をスクロールし、「サンプルデータのダウンロードはこちら」のリンクをクリック

4 [名前を付けて保存]（Vistaでは[保存]）をクリック

5 保存したい場所（ここでは[デスクトップ]）をクリック

6 [保存]をクリックするとダウンロードが始まる

7 ダウンロードが終わるのを待って[ファイルを開く]をクリック

8 表示されたフォルダーをクリック

9 [展開]タブをクリック（8.1/8の場合）

10 [すべて展開]をクリック（7/Vistaでは[ファイルをすべて展開]）

11 [展開]をクリック

12 展開された。ダブルクリックして開く

💡 ファイル名はページ左上の「No.」の番号と一致しています。例えば「002~.pptx」というファイル名は「No.002」で使うサンプルです。「002a~.pptx」のように末尾に「a」「b」などの英字が付く場合は、ファイルが複数用意されています。なお、内容によってはサンプルがないものもあります。

⚠ サンプルファイルを開くと、通常は[保護ビュー]で開かれ、[ウイルスに感染している可能性があります]と表示されます。これは実際に感染しているかどうかに関わらず警告として表示されるメッセージです。[編集を有効にする]をクリックしてご使用ください。

速効！ポケットマニュアル
Sokkou! Pocket Manual

PowerPoint 魅せる プレゼンワザ
2019 & 2016 & 2013

CONTENTS ◎目次

本書の使い方 …………………………………………………… 002
サンプルデータのダウンロード ………………………………… 003

第1章
プレゼンは企画と視覚で魅せる！ ……………………… 011

- No.001 企画立案には「3W＋T」分析を行うべし ………………… 012
- No.002 スライドは「視覚資料」と心得よ …………………………… 014
- No.003 誰でもできる図解の作り方 ………………………………… 016

第2章
スライドデザインは情報の整理で魅せる！ ……………… 017

- No.004 スライド作成はアウトラインから行うべし ………………… 018
- No.005 スライド上下の情報配置で見やすさが決まる！ ……………… 024
- No.006 テーマは"ちょいカスタマイズ"で使いやすくなる！ ………… 026
- No.007 背景画像の上の文字が読めない… 透明度の指定で読みやすく！ … 028
- No.008 タイトルスライドは「人の第一印象」と同様に重要 ………… 030
- No.009 アジェンダ（目次）スライドは「大・小」タイトルで明確に ……… 032
- No.010 スライドの2分割は「左右」が鉄則！ ……………………… 034
- No.011 4つのコンテンツ配置でスライドをスミまで使いつくす ……… 036
- No.012 マニュアル作成はやっぱり縦長レイアウトが◎ …………… 038
- No.013 自社のテンプレートを作成しておけば最強！ ……………… 040

第3章
読みやすさはメリハリで魅せる！ ……………………………… 043

- №.014 1スライド・1メッセージが伝わりやすさのキモ……………… 044
- №.015 スライドに長文は厳禁！「要約力」で箇条書きに ……………… 046
- №.016 行間は「まとまりをブロック化」する手段と心得よ……………… 048
- №.017 動きのある「効果」文字でインパクトを出す……………………… 050
- №.018 「太い書体」と「細い書体」の組み合わせでメリハリを効かす…… 052
- №.019 PowerPointで縦書き!?　意外と使える縦横の合わせ技……… 054
- №.020 「見せ文字」と「読ませ文字」の使い分けでメリハリを出す………… 056
- №.021 文字の「下付き」でドロップキャップを実現……………………… 058

第4章
色使いは配色で魅せる！ ……………………………………… 059

- №.022 もはやスライド作りの常識？　色の3属性を理解しよう ………… 060
- №.023 テーマのイメージが違ってもカラーバリエーションで変わる …… 062
- №.024 図形と文字の色合わせは補色または明度差を付ける……………… 064
- №.025 配色は同系色でまとめるかトーンを揃えるべし ………………… 066
- №.026 変化やプロセスを表すにはグラデーションが効果的 …………… 068
- №.027 テーマによって定番色がある！　見る人に与える印象を完全操作… 070
- №.028 図形を重ねると見えない…「透明度」を使い後ろも活かす ……… 072
- №.029 主役は派手に彩度を高く！　エリアは塗りつぶして魅せる ……… 074
- №.030 テクスチャで図形の背景の魅せ方を変える………………………… 076

第5章
表は一覧性で魅せる！ ……………………………………… 077

- No.031 「比較」を見せるには**一覧性を高めた表**が最適…………………… 078
- No.032 キーワードは中央、文章は左、数字は右が**配置の鉄則**！ ………… 080
- No.033 **格子状の罫線からの卒業！**「横のみ」や「白」でアカ抜けろ……… 082
- No.034 **表の魅せポイント**を作るには暖色系の「塗りつぶし」が◎ ………… 084
- No.035 ExcelやWordの表を使ったらその後の「魅せる編集」は必須 …… 086

第6章
グラフは推移の強調で魅せる！ ……………………………… 089

- No.036 **棒グラフの最小値**は「0」禁止　変化をダイナミックに見せる …… 090
- No.037 **集合縦棒で主役を強調する**には無彩色の引き立て役を作る ……… 092
- No.038 塗りつぶし効果で魅せるワザ　**テクスチャ・グラデを徹底活用** … 094
- No.039 折れ線グラフは**線種がキモ！**　主役は太い実線、脇役は点線 …… 096
- No.040 **凡例はラベル化せよ！**　どの線が何かすぐわかる ………………… 098
- No.041 帯グラフがない…!?　**100％積み上げ横棒**で代用 ………………… 100
- No.042 割合の高さとラベルの使用　**円グラフのルール**をチェック！ …… 102
- No.043 **量の変化を面積で強調する**テク　面グラフは透明化で"見える化" … 104
- No.044 第2軸の活用で魅せる！　2つのグラフを**複合グラフ**に ………… 106

第7章
図形・図解は配置で魅せる! …… 109

- No.045 **シンプルな図形でスッキリ！** 複雑な図形は絞ってポイントに … 110
- No.046 **サイズと配置は必ず揃えて！** バラバラな図形は「雑」な印象 …… 112
- No.047 アンダーラインは点線がオシャレ **線種や長さでグッとアカ抜ける** … 114
- No.048 **「視線の誘導」が重要！** 矢印、三角形などを使いこなせ ………… 116
- No.049 複雑な図解は**グルーピング必須** 枠線を細くするか線なしでスッキリ … 118
- No.050 **時系列にはグラデーション**が◎ 方向付けや立体感の演出に …… 120
- No.051 箇条書きは地味じゃない！ **SmartArtで印象的に魅せる** ……… 122
- No.052 プロセスやステップの図解に！ **SmartArtの役立ち編集テク** … 124
- No.053 **ロジックツリーも簡単**にできる 左から右へ展開すればスムーズ … 126
- No.054 **ピラミッドストラクチャー**で情報を深掘りして魅せる …………… 128
- No.055 キーワードはできるだけ短く！ 概念が**「伝わる」図解**のコツ …… 130
- No.056 SmartArtが自由自在！ **「図形に変換」でバラして**編集 ………… 132
- No.057 スライド間を自由に行き来する **動作設定ボタンを使いこなす!** … 134

第8章
写真・イラストは調和で魅せる！ ………………………………… 137

- No.058 **イラストは入れすぎ注意！** 雰囲気を揃え、点数を絞るべし …… 138
- No.059 **人物イラストはタッチに注意！** ビジネス向けは頭が小さいものを… 140
- No.060 イラスト同士の組み合わせは**透明化で背景となじませる**べし …… 142
- No.061 「禁止」「丸印」マークを使った**オリジナル絵記号**が便利…………… 144
- No.062 ビフォア、古さ、危機感も**無彩色やワントーン**で表現！…………… 146
- No.063 写真は**図形でトリミング！** 断然プロっぽい仕上がりに ………… 148
- No.064 画像編集ソフト不要！ **ワンランク上の切り抜きテク** …………… 150
- No.065 選ぶだけでラクラク印象超UP！ **フレーム付きスタイル**を使う … 152
- No.066 ビデオ映像は最高の臨場感！ **見せたい場面だけトリミング** …… 154

第9章
動きはスマートさで魅せる！ ………………………………… 157

- No.067 **アニメーションはシンプル**一択 奇をてらわずに効果を上げよう… 158
- No.068 **時間差アニメで手間いらず**に 操作を減らしてプレゼンに集中 … 160
- No.069 まるで映画!? 開始と終了効果で**画像を大きく次々に魅せる** …… 162
- No.070 グラフはアニメーションで！ **系列ごとの表示**で興味をあおれ … 164
- No.071 **動く案内図やフローチャート**も軌跡アニメーションなら簡単！ … 166
- No.072 **映画のようなエンドロール**はスタッフが多い場合に活用を ……… 168
- No.073 **図解を効果的にするアニメワザ** SmartArtをプロセスで表示 …… 170

第10章
プレゼン本番は臨場感で魅せる！ ……………… 173

- No.074 **発表者ビューでスマートに！** ジャンプや別アプリ起動もOK …… 174
- No.075 説明箇所を大きく見せたい！ **発表者ビューで簡単ズーム** ……… 176
- No.076 **重要ポイントをマーカーで強調** 「その場で書く」で増す臨場感 … 178
- No.077 プレゼン中にスライドを隠す！ **ブラックアウトでメリハリを** … 180
- No.078 1つのプレゼンを何通りにも！ **ショート版や相手別にアレンジ**… 182

本書で使ったスライド一覧………………………………… 185
索引 ……………………………………………………… 190

第1章
プレゼンは企画と視覚で魅せる！

プレゼンテーションを作成する上で、重要なキーワードとなる企画と視覚。効率的な企画に不可欠な「3W+T分析」、「見てわかる資料」への意識の重要さなど、まずはそのコツを押さえておきましょう。プレゼンテーションのできばえ、最終的な結果に大きく影響してきます。

No.001 企画立案には「3W+T」分析を行うべし

プレゼンテーション作成時には、資料の作成前に企画を考える必要があります。準備や確認をしっかり行うことが最終的な結果につながります。作業の流れを押さえ、所要時間の見通しも立てましょう。

3W+T分析

プレゼンテーションを成功させる上で重要なのは、以下の❶〜❸の力の相乗効果に、与えられた時間を考慮したものです。

❶ 対象者の分析 ──── Who
聞き手の人数・立場性別などを把握しておかなければ、プレゼンテーションの企画やストーリー構成を行うことはできません。

❷ 目的の理解 ──── Why
プレゼンの目的を明確にすることがスタートです。目的が明確になれば、目指すべき到達点や聞き手へ提示する「価値」がはっきりと見えてきます。

❸ 何を伝えるのか ──── What
プレゼンに必要なデータや情報を洗い出し、どのようにして目標に到達するかのプロセスを考えます。また、どんなツールを使用するかの環境面の確認も大切です。

❹ 与えられた時間は ── Time
プレゼンテーションで使える時間を確認します。時間の制限によって、伝えたい内容の優先順位を決め、情報の取捨選択を行います。

企画からプレゼンテーション本番までの作業の流れ

プレゼンテーションを依頼されたら、以下の流れで準備作業を念入りに行います。

❶ 依頼内容の確認
前ページの3W+T分析をしっかり行い、準備作業をスタートします。

❷ 情報収集と整理
プレゼン内容に合わせて、データや統計、事例などを集めます。また、集めたデータは必要に応じて取捨選択します。

❸ ストーリー構成
与えられた時間内に収まるように整理した情報を元にストーリーを作成します。この時点で情報を構造化しておくと、ストーリーが作成しやすくなります。

❹ 視聴覚資料の作成
与えられた環境に合わせて資料作成を行います。スライドの投影が可能であれば、PowerPointでプレゼン資料を作成します。

❺ リハーサル
本番を想定してリハーサルを行います。本番前に最低2回は実施しておくとよいでしょう。

❻ プレゼンテーション本番
早めに会場に入り、投影スライドの確認や環境の確認をします。本番時は、聞き手を意識し熱意を持って臨みます。

❼ 振り返りと今後に向けて
聞き手の反応や時間配分などを振り返り、今後に活かします。同じ内容で再度プレゼンテーションをするならば、資料の修正等も発生します。

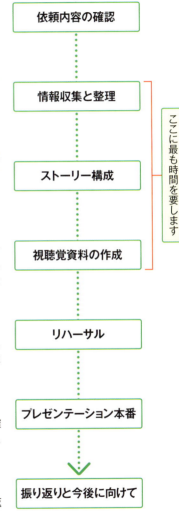

依頼内容の確認

情報収集と整理

ストーリー構成　｝ここに最も時間を要します

視聴覚資料の作成

リハーサル

プレゼンテーション本番

振り返りと今後に向けて

No.002 スライドは「視覚資料」と心得よ

スライドは、いかに**要点を短時間でとらえられるか**が大切です。文字情報ばかりで「読ませて理解させる」のではなく、**「見てわかる」資料**作りを心がけましょう。

情報の視覚化

❶「読んでわかる」→「見てわかる」

投影スライドを作成する場合、いかにすばやく理解を促すかが重要です。そのためには、伝えたい情報やデータを「見てわかる」=「視覚化」に重点を置いたスライド作りが大切になってきます。情報を視覚化するメリットは、以下の3点です。

> ❶ スライドを読む時間を短縮できる
> ❷ 強調ポイントが明確になる
> ❸ 誤解を防ぎ、理解の手助けとなる

❷ 情報を視覚化する手法

視覚化の手法はさまざまありますが、一般的には以下の4つに分類されます。

❶ 箇条書き
文章を箇条書きにすることにより、ポイントが理解しやすくなります。

❷ 表
数値データや文字情報を表にすることにより、一覧性が高まります。

❸ グラフ
数値データの比較や推移は、グラフにすることによりポイントを理解しやすくなります。

❹ 図解
概念や構造・仕組みなどは、図解を使ってイメージ化を促します。

スライドレイアウトの原則

❶ 1スライド1テーマ

1スライドに入れるのは1テーマにしましょう。異なるテーマを1枚のスライドに詰め込んでしまうと理解の妨げになります。

❷ 視覚の導線を意識する

人間の視覚の導線は、上から下、左から右が基本です。基本を外れると読みやすさに影響します。

❸ コンセプトや結論は中央より上

プレゼンテーションは「結論先だし」が基本です。重要なポイントはスライドの上部に配置してアイキャッチ効果を高めましょう。

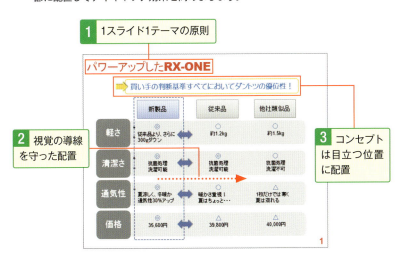

◆スキルアップ 左脳と右脳にアプローチするプレゼン

プレゼンテーションを成功させるには、右脳と左脳を刺激し印象に残るような工夫をすることが大切です。左脳は思考の脳で、文字情報や言葉から論理的に理解し記憶に残します。右脳は感性の脳で、直感的、視覚的に理解し感動につなげることによって印象深く記憶に残します。スライドを視覚化するのは、特に右脳に働きかけるためです。

No.003 誰でもできる図解の作り方

複雑な情報を丁寧にわかりやすく伝えるには「図解」を活用し、情報を視覚化することが最適です。ここでは概念や論理を伝える図解手法を紹介します。うまく図解できれば伝えたいことが一瞬で伝わります。

図解のプロセス

文章で説明すると煩雑になりがちな内容は、重要なキーワードを抽出して「概念図解」としてあらわすと、イメージをつかみやすくなります。作成のステップを確認しましょう。

❶ キーワードの抽出

文章の中からポイントとなるキーワードを抽出します。長いキーワードは要約をして短くします。

❷ 図形で囲む

キーワードを図形で囲みます。シンプルな図形がおすすめです。図形の特性を理解し、色を情報の重要度などを明確にすることも重要です。

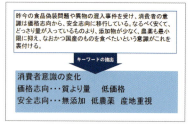

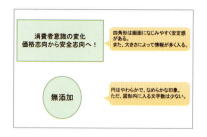

❸ 図形を配置する

キーワードを入力した図形を関連性が分かるように配置します。基本は「左から右へ」「上から下へ」。また、循環や流れを円を描くようにあらわす場合は「時計回り」で配置します。包含関係は、図形の中に入れたり、仕切りをつけたりします。

❹ 線や矢印でつなぐ

図形を配置したら、必要に応じて線でつないだり、矢印で方向をあらわします。

第2章
スライドデザインは情報の整理で魅せる!

スライドのデザインでもっとも重要なのは、美しさではなく情報の伝わりやすさです。上下のスペースの有効活用や重要メッセージの配置など、スライドならではのデザインのコツをマスターしましょう。タイトル、目次などスライドの用途によっても最適な魅せ方があります。

No.004 スライド作成はアウトラインから行うべし

スライドをゼロから作成する際は、アウトラインを使用して骨組みから作るようにしましょう。スライドタイトルを入力しながら作成すると効率的です。

> "魅せる"法則
> ● スライドタイトルを入力して、まずは骨組みを作成せよ！
> ● 箇条書きもアウトラインで入力せよ！

プレゼンを1冊の本に例えると、全体の構成は"章"、各スライドは"節"といえます。まずは、タイトルスライド→アジェンダ（目次）→セクション（章）ごとの扉ページ、の順で"章立て"を作成し、そのあと内容となる各スライドを作成します。各スライドは、スライドタイトルだけを入力し、流れをある程度決定してから内容を作成すると効率的です。

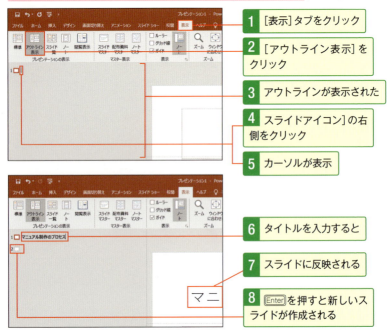

1. [表示]タブをクリック
2. [アウトライン表示]をクリック
3. アウトラインが表示された
4. スライドアイコン]の右側をクリック
5. カーソルが表示
6. タイトルを入力すると
7. スライドに反映される
8. [Enter]を押すと新しいスライドが作成される

アウトラインの作成例

紙、背景、課題などの骨組みをまずはタイトルだけで作成しましょう。タイトルの作成に専念することで素早く効率的にスライドを組み立てることができます。スライドの順番は後から変更できるので、余計なことは考えずにまずはタイトル作成しましょう。

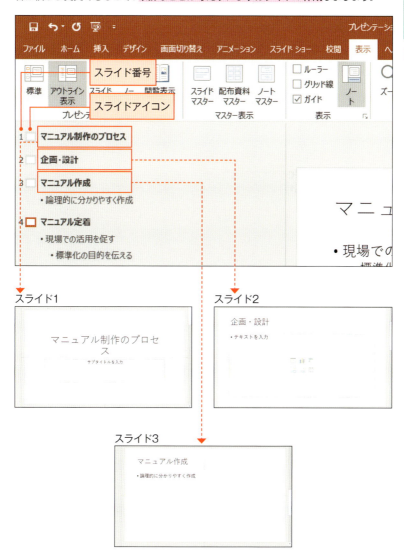

箇条書きのレベルを下げる

アウトラインで入力するテキストにはレベル(階層)が存在します。スライドレベルの最上位がタイトルとなり、以下は箇条書きとされます。レベルを下げて箇条書きまで素早く入力できるようになりましょう。

1 箇条書きを挿入したいスライドの末尾をクリック

2 Enterキーを押して新しいスライドを作成する

3 Tabキーを押すとレベルが1つ下がり、箇条書きとなる。

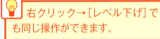

右クリック→[レベル下げ]でも同じ操作ができます。

4 箇条書きの入力後、Enterキーを押すと次の箇条書きが出てくる。

箇条書きのレベルを上げる

一度下げてしまったレベル(階層)を上げて元のレベルに戻すこともできます。正しいレベルに設定したからテキストの入力を開始しましょう。

第2章 004 アウトライン作成

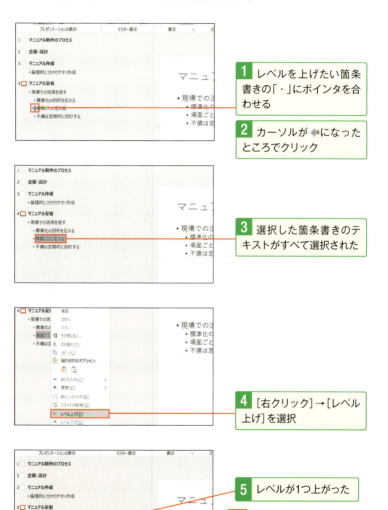

1 レベルを上げたい箇条書きの「・」にポインタを合わせる

2 カーソルが になったところでクリック

3 選択した箇条書きのテキストがすべて選択された

4 [右クリック]→[レベル上げ]を選択

5 レベルが1つ上がった

💡 Shift + Tab キーを押してもレベルを1つ上げることができます。

021

アウトラインでの移動

アウトラインが完成した後にスライドの順番を入れ替える必要が出てくることもあります。アウトライン上の操作でスライドや箇条書きの移動、レベルの変更を行うことができます。

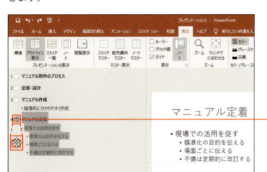

1 スライドのアイコン💠や箇条書きのアイコン「・」をクリックするとそれより下のレベルのものを一括して選択することがきます。

2 任意の場所にドラック&ドロップすることで、スライドや箇条書きを移動することができます。

3 スライドが移動された

💡 [右クリック]→[1つ上のレベルへ移動]/[1つ下のレベルへ移動]でもスライドや箇条書きの移動ができます。

スライドレイアウト変更の操作

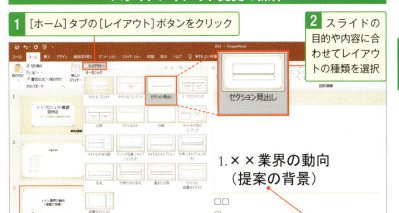

1 [ホーム]タブの[レイアウト]ボタンをクリック

2 スライドの目的や内容に合わせてレイアウトの種類を選択

3 選択したレイアウトに変更される

> 同じスライドを挿入しておき、目的に合わせて後からレイアウトを変えると効率的です。

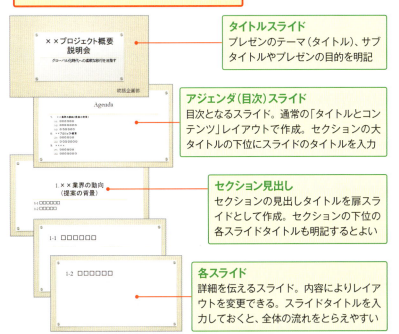

タイトルスライド
プレゼンのテーマ(タイトル)、サブタイトルやプレゼンの目的を明記

アジェンダ(目次)スライド
目次となるスライド。通常の「タイトルとコンテンツ」レイアウトで作成。セクションの大タイトルの下位にスライドのタイトルを入力

セクション見出し
セクションの見出しタイトルを扉スライドとして作成。セクションの下位の各スライドタイトルも明記するとよい

各スライド
詳細を伝えるスライド。内容によりレイアウトを変更できる。スライドタイトルを入力しておくと、全体の流れをとらえやすい

No. 005 スライド上下の情報配置で見やすさが決まる!

通常スライドは、上部ヘッダー領域にタイトルや結論・コンセプトを、下部フッター領域にはスライド番号や会社名などを配置します。この上下エリアの内容、配置や大きさは、スライド作成前に決定しておくと便利です。

"魅せる"法則
- 上部ヘッダー領域には、必ず「スライドタイトル」を入れよ!
- タイトルは必ずナンバリング(第何章の何節か)せよ!

上部ヘッダー領域には、「スライドタイトル」を入れ、タイトルは必ずナンバリング(第何章の何節か)を行います。また、重要メッセージはアイキャッチしやすいヘッダー領域に入力したり、ヘッダー領域すぐ下に入力したりします。上下のエリアの分量と内容をはじめに決めておくことで、どのスライドを見ても統一感があり、見やすいスライドが作成できます。

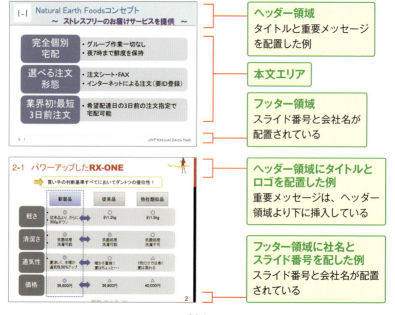

- ヘッダー領域
  タイトルと重要メッセージを配置した例
- 本文エリア
- フッター領域
  スライド番号と会社名が配置されている
- ヘッダー領域にタイトルとロゴを配置した例
  重要メッセージは、ヘッダー領域より下に挿入している
- フッター領域に社名とスライド番号を配した例
  スライド番号と会社名が配置されている

マスターで上下エリアの配置を指定する

スライド上下エリアの情報配置は、マスターを利用しましょう。1スライドごとに編集するのは、手間もかかるうえに、バラバラの配置となり統一感に欠けます。既定のレイアウトはタイトルの文字が大きく、本文エリアが狭いので図のように調節して本文エリアを広くとるとよいでしょう。

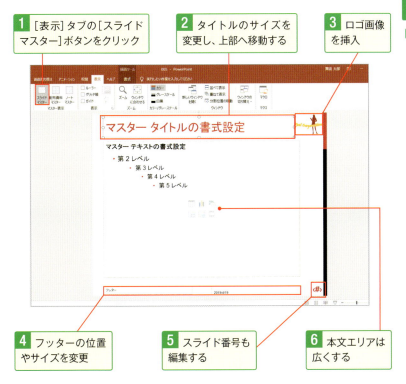

1. [表示] タブの [スライドマスター] ボタンをクリック
2. タイトルのサイズを変更し、上部へ移動する
3. ロゴ画像を挿入
4. フッターの位置やサイズを変更
5. スライド番号も編集する
6. 本文エリアは広くする

◎スキルアップ スライド番号の配置は下とは限らない

スライド番号は、「下部」エリアに入れず、上部のヘッダーエリアに配置したりなど、自由に変更してみるのもよいでしょう❶。PowerPointは、マスター画面で自在に位置を変更できるので、自由度が高く、スライド番号1つとってみても様々なアレンジが可能です。

No.006 テーマは"ちょいカスタマイズ"で使いやすくなる!

PowerPointには、様々なデザインテーマが用意されていますが、「背景のイメージがもう少し違うとよいのに」などの不満が出ることもあります。そんな時は、マスター機能で簡単にテーマのカスタマイズができます。

> **"魅せる"法則**
> - テーマは"ちょい足し"ならぬ"ちょいカスタマイズ"で見やすくせよ!
> - 背景のデザインは「グループ解除」して編集せよ!

デザインテーマは、背景のパターンやタイトル、箇条書きなどのコンテンツ、さらに、フッターなどをセットにしたものです。これらの配置、大きさ、色などをマスターで変更すれば、全スライドに適用され、手間をかけずに自分好みの内容に変更できます。

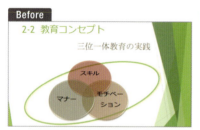

背景右側の図形を減らし、左側には少し追加。右側のエリアが広く使える

背景の白い枠を広げ、タイトルとラインの位置を変更。本文エリアが広く使える

テーマのカスタマイズの操作

1 [表示]タブの[スライドマスター]ボタンをクリック

2 背景をクリックすると、複数の図形がグループ化されたデザインであることが分かる

3 [書式]タブの[グループ化]ボタンをクリックして、[グループ解除]を選択する

💡 グループ化された画像はそのままでは変更できないので、バラバラにして編集します。

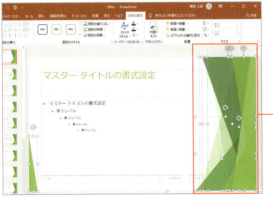

4 背景画像のグループ化が解除され、個別に編集できるように。不要な図形を削除、左側に移動して編集する

5 [スライドマスター]タブの[マスター表示を閉じる]ボタンをクリック

💡 マスターに加えた変更は、すべてのスライドに自動的に適用されます。

No.007 背景画像の上の文字が読めない… 透明度の指定で読みやすく!

スライドの背景にイメージとなる画像を表示すると、デザイン性がアップできますが、内容となる情報が読みにくくなることも。情報がすっきり見え、画像も活かせる編集のコツを紹介しましょう。

> **"魅せる"法則**
> - すっきり見せるには、画像の上に置いた図形内に情報を載せよ!
> - 図形の透過指定のパーセントをコントロールせよ!

写真を背景にしたスライドは、文字情報の読みづらさを防ぐことで、効果的に見せることができます。写真そのままの上に文字を入力してしまっては、読みにくくなるだけで、何の効果も期待できません。写真が透けて見えるように図形を重ねる、写真の色味を薄くするなどのテクニックを使いましょう。

Before
背景に画像をそのまま配置したサンプル
背景画像は目立っているが、情報が読みづらい

After
背景画像に図形を重ねて情報を配置したサンプル
背景画像もイメージの醸成にひと役買っている。しかも情報も読みやすい

画像に重ねた図形の透明度を指定する

1 [表示]タブの[スライドマスター]ボタンをクリック

2 画像を挿入し、その上に[四角形]を描く

💡 マスタースライドに変更を加えることで、どのスライドにも適用されます。

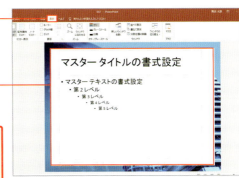

3 四角形を選択し、[書式]タブの[図形の書式設定]ボタンをクリック

4 [色]を「白」にし、[透明度]の数値を変更する

5 画像と透明度変更をした図形をグループ化し、最背面へ移動する

💡 透過の%が高いと、下の写真がよく見えます。文字を読みやすくしたいときは、%を下げます。

⊕スキルアップ ウォッシュアウトで主張しすぎない画像に変更する

画像の色を変更する際に、「ウォッシュアウト」に変更すると主張しすぎない背景画像として利用することができます。画像全体の色味が薄くなり、画像の上にそのまま情報を重ねても読みづらくなりません。画像を選択して[書式]タブの[色]ボタンをクリックし❶、[ウォッシュアウト]を選択しましょう❷。

第2章　007　図形の透過

No. 008 タイトルスライドは「人の第一印象」と同様に重要

タイトルスライドは、プレゼンテーションの第一印象を決める重要な役割を担っています。効果的で印象深いスタートにするために、こだわって作成しましょう。ここをキメると、全体の印象もアップします。

"魅せる"法則
- タイトルは具体的かつシンプルな表現に、サブタイトルでプレゼンの目的を明確にせよ!
- タイトルを「バンド状」にしてより印象的に魅せよ!

タイトルスライドは、「言葉」と「イメージ」で印象が決まります。短すぎるタイトルは内容が予測しづらくインパクトに欠けます。サブタイトル、イメージ画像も効果的に活用しましょう。

タイトルが抽象的で内容が分からない。デザインにも工夫が感じられない

「何を提案するのか」が入ったタイトル。サブタイトルでは「何を目指して」提案するのかが明確に示されている

タイトルがありきたりで、サブタイトル欄も空欄のまま。シンプルなイメージは良いが陳腐な印象

背景の画像を活かし、タイトルが目立つように「タイトルバンド」を設定したサンプル。コンセプトとなるサブタイトルも効果的

タイトルをバンド状に設定し、透明度であかぬけさせる

「タイトルスライド」のレイアウトには、タイトルとサブタイトル枠が用意されています。シンプルながら、「中身が分かる」「目的やゴールが明確」な文言を入力します。さらに、タイトルがより目立つようにするには、タイトル領域を左右幅いっぱいに広げてバンド状に見せる方法がおすすめです。透明度を調整して少し透けるようにするとあかぬけて見えます。

1 タイトルスライドに用意されているプレースホルダー内にタイトル、サブタイトルを入力。サブタイトルの位置を変更し、タイトルのプレースホルダーには塗りつぶしを設定

2 タイトルの横幅をスライドの横幅に揃えるように拡大する

3 [書式]タブの[図形のスタイル]にある[図形の書式設定]ボタンをクリック

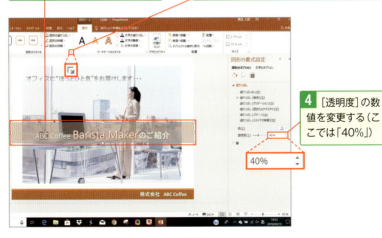

4 [透明度]の数値を変更する(ここでは「40%」)

No.009 アジェンダ(目次)スライドは「大・小」タイトルで明確に

タイトルスライドの次に表示するアジェンダ(目次)スライドは、「ざっくりとした流れをつかめること」が大切です。段落番号を付けてナンバリングしたり、レベルを上げ下げすることで流れをつかみやすくなります。

"魅せる"法則
- アジェンダスライドで全体の流れをとらえさせよ!
- 段落番号ボタンを利用してナンバリングをせよ!
- [インデント]ボタンでレベルの上げ下げも自由自在

アジェンダスライドの悪い例としてよく見るのが、各スライドのタイトルを羅列しただけのものです。プレゼンのためのスライド、提案書いずれをとっても、流れの「柱」となる「大タイトル」と「小タイトル」を明確にする必要があります。

Before

Agenda
- 文書対応の難しさ
- 文書対応に必要なスキル
- メール活用の心構え
- ビジネスメールの構成要素
- ヘッダー部分の書き方ポイント
- 簡潔で分かりやすい本文の書き方
- 相手の心情に配慮した言い回しの活用
- Noで終わらずプラスアルファの言葉を添える

各スライドのタイトルを並べただけ。行頭に番号もなく、どんな流れで進んでいくのか分かりづらい

After

Agenda
I. 顧客ロイヤリティを醸成するメール対応
  1. 文書対応の難しさ
  2. 文書対応に必要なスキル
  3. メール活用の心構え
II. ビジネスメールのマナー
  1. ビジネスメールの構成要素
  2. ヘッダー部分の書き方ポイント
  3. 簡潔で分かりやすい本文の書き方
III. ポジティブライティング
  1. 相手の心情に配慮した言い回しの活用
  2. Noで終わらずプラスアルファの言葉を添える

大タイトルの3本柱が明確で、伝えたい内容と全体的な流れがつかみやすい

段落番号機能を活用してナンバリングする

1. プレースホルダー内をクリックして、[ホーム]タブの[段落番号]ボタンの▼をクリック

2. 設定したい段落番号の種類（ここではローマ数字）を選択

3. 章タイトルを入力したら Enter キーを押して改行する

4. [インデントを増やす]ボタンをクリック

💡 箇条書きを設定したプレースホルダーでは、レベルの上げ下げによりフォントサイズや書式が自動調節されます。

5. レベルが下がるので、さらに[段落番号]ボタンの▼をクリック

6. 設定したい段落番号の種類を選択

⊕スキルアップ インデントの増減はキーボードからの入力が簡単

インデントを増やしたり減らしたりする際は、ショートカットキーを覚えておくと便利です。[インデントを増やす]ボタンは Tab キー、[インデントを減らす]ボタンはCキーを押しながら Tab キーを押します。

No.010 スライドの2分割は「左右」が鉄則！

PowerPointのスライドは「横長」が基本です。この特性を活かし、左右にバランス良く情報を配置するとすっきり見せることができます。上下に分けると右側に無駄な余白が生じ、文字が小さくなってしまいます。

"魅せる"法則
- メリット・デメリットは左右対比で魅せよ！
- 大きさや形を揃えることで対比効果を高めよ！
- ガイドを表示して左右のバランスを取れ！

対称的な概念や、メリットとデメリットなどを比較したい場合は、左右に情報を配置すると効果的に見せることができます。特に、スライドの縦横比が16：9の場合は4：3よりも左右幅があるため、左右2分割で配置するのがおすすめです。情報の大きさや形を揃えると、対比効果がより高まります。

Before

メリット・デメリットを上下配置にしたサンプル。右側に無駄な余白が多くなり文字も小さくなる

After

メリット・デメリットを左右配置にしたサンプル。文字を入力しても小さくならず比較効果を発揮できている

複数の図形をまとめてコピーして大きさを揃える

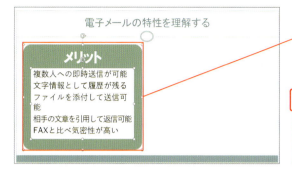

1 コピーする図形を選択(ここでは2つの図形)

💡 [ホーム]タブの[コピー]ボタンを使っても図形をコピーできます。

2 Ctrlキーを押しながら、右方向へドラッグする。コピー後は文字や色の編集を行う

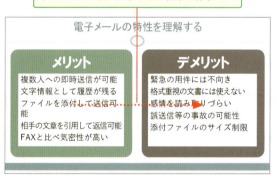

💡 ドラッグ時に表示される赤いガイドは、配置を揃える目安にできます。

⬆スキルアップ ガイドを表示すると左右の位置を決めやすい

[表示]タブの[ガイド]にチェックを付け❶、スライド上に「ガイド」を表示すると、上下左右の中央に分割するラインが点線で表示されます❷。左右にバランスよくオブジェクトを配置する際の目安となり便利です。

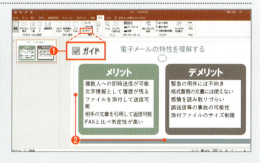

No.011 4つのコンテンツ配置でスライドをスミまで使いつくす

横に長いスライドを余すことなく有効活用するには、4分割したスライド上にコンテンツを配置するのがポイントです。4分割のレイアウトは用意されていませんが、自分で作成して登録すればいつでも使えて便利です。

"魅せる"法則
- 並列で4つの情報を伝えたい時は、スライドを4分割して上下左右に情報を配置せよ！
- 既定にないレイアウトは作成・登録すると便利！

スライド上のタイトル以外のエリアを4分割して考え、4つのコンテンツを配置すれば、安定感があり、スペースを余すことなく使って情報を伝えることができます。並列感のある情報などを配置する場合に活用するとよいでしょう。すっきりと見せるには4つそれぞれのオブジェクトの形を揃え、上下左右にバランスよく配置します。

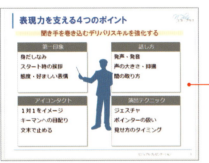

オブジェクト内に文字情報を入れて上下左右4つをバランスよく配置したスライド例

画像にタイトル文字を重ねて、上下左右に配置した例。紙面を余すことなく使用できている

分割レイアウトを作成・登録する

1 [表示]タブの[スライドマスター]ボタンをクリックしてマスターの編集画面にする

2 [レイアウトの挿入]ボタンをクリック

3 新しいレイアウトが作成される

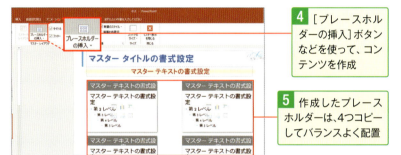

4 [プレースホルダーの挿入]ボタンなどを使って、コンテンツを作成

5 作成したプレースホルダーは、4つコピーしてバランスよく配置

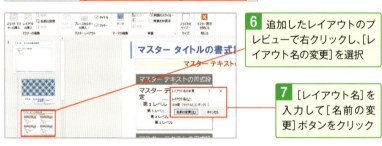

6 追加したレイアウトのプレビューで右クリックし、[レイアウト名の変更]を選択

7 [レイアウト名]を入力して[名前の変更]ボタンをクリック

8 [スライドマスターを閉じる]ボタンをクリック。[ホーム]タブの[レイアウト]ボタンをクリックすると、4分割のレイアウトが登録されている

037

No.012 マニュアル作成はやっぱり縦長レイアウトが◎

PowerPointの活用範囲は広く、マニュアルや資料の作成にも便利です。印刷を前提としたマニュアルなどを作るときは、用紙に合わせて事前にスライドサイズを変更しましょう。ここではA4縦長に設定してみます。

"魅せる"法則
- マニュアルを印刷するならレイアウトは縦長が最適！
- マニュアル作成のひな型をマスターで作成し、各ページの統一感を意識せよ！

一般的なマニュアルは「タイトル」「リード文」「情報エリア」「ページ番号」「クレジット表記」などから構成されています。構成は、マスターを利用して情報の配置やデザインをレイアウトで決めておくと、作成しやすくなります。

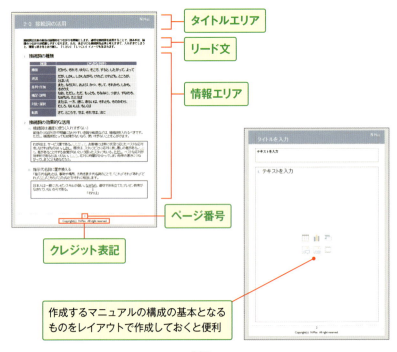

- タイトルエリア
- リード文
- 情報エリア
- ページ番号
- クレジット表記

作成するマニュアルの構成の基本となるものをレイアウトで作成しておくと便利

スライドサイズをA4縦長の設定に変更する

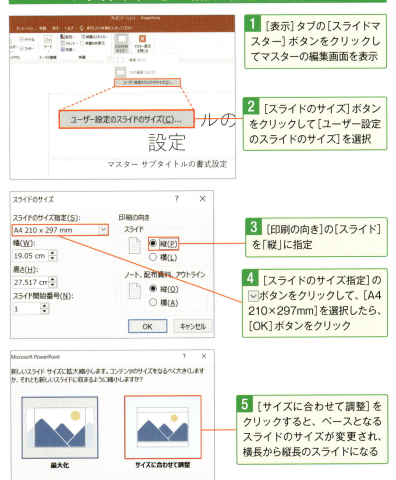

1 [表示]タブの[スライドマスター]ボタンをクリックしてマスターの編集画面を表示

2 [スライドのサイズ]ボタンをクリックして[ユーザー設定のスライドのサイズ]を選択

3 [印刷の向き]の[スライド]を「縦」に指定

4 [スライドのサイズ指定]の▽ボタンをクリックして、[A4 210×297mm]を選択したら、[OK]ボタンをクリック

5 [サイズに合わせて調整]をクリックすると、ベースとなるスライドのサイズが変更され、横長から縦長のスライドになる

◎スキルアップ マスターにレイアウトを作っておこう

ページ数の多いレイアウトは、マスターに自作のレイアウトを作っておくと便利です。既存のレイアウトを選び、アレンジを加えましょう。[スライドマスター]タブの[プレースホルダーの挿入]ボタンを使うと、テキスト用、画像用などさまざまなプレースホルダを追加できます。

No.013 自社のテンプレートを作成しておけば最強！

提案書やプレゼン資料では、会社独自のテンプレートを使うことが多くあります。シンプルで使い回しのきくオリジナルテンプレートを作成しておけば、編集の手間がなくなり便利です。

> **"魅せる"法則**
> - マスターでは「タイトルスライド」と「タイトルとコンテンツ」レイアウトに絞って編集せよ！
> - デザインは凝りすぎず、シンプルなものが最適！

オリジナルのテンプレートは、あまりデザインに凝りすぎず、シンプルなものを作成しましょう。背景色は「白」または薄い色を指定し奇抜なデザインは避けます。会社のロゴはヘッダー領域などに配置し、タイトル、フッター領域にデザインを設定します。

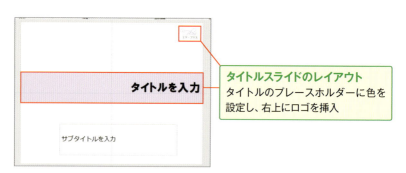

タイトルスライドのレイアウト
タイトルのプレースホルダーに色を設定し、右上にロゴを挿入

タイトルとコンテンツのレイアウト
ヘッダー領域にはタイトルのプレースホルダーにグラデーションを設定し、ロゴを挿入。フッター領域には、ロゴをアレンジしたデザインを挿入

よく利用するマスターのレイアウトを作成する

スライド作成時によく使うレイアウトは、「タイトルスライド」「タイトルとコンテンツ」でしょう。テンプレートを作成する際は、この2つのレイアウトを編集しておくとよいでしょう。作成後は、テンプレートとして保存しておくと、何度も使えます。

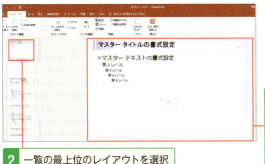

1 [表示]タブの[スライドマスター]ボタンをクリックしてマスターの編集画面を表示

2 一覧の最上位のレイアウトを選択

3 基本となるスライド上のプレースホルダー内を編集したり、ヘッダーやフッター領域にロゴやデザインを設定

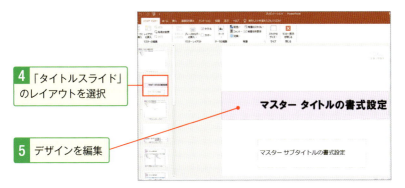

4 「タイトルスライド」のレイアウトを選択

5 デザインを編集

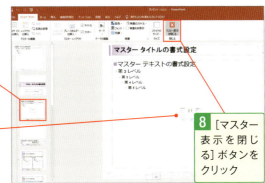

6 「タイトルとコンテンツ」のレイアウトを選択

7 デザインを編集（最上位のスライドでのデザインが反映されているので、それを調節）

8 [マスター表示を閉じる]ボタンをクリック

テンプレートとして保存する操作

マスターの編集ができたら、必要に応じて流れとなるスライドを追加し、テンプレートとして保存しましょう。PowerPointのファイル形式は、通常「.pptx」ですが、テンプレートは、「.potx」というファイル形式で保存されます。

1 [ファイル]タブをクリックし、[名前を付けて保存]を選択して、保存先を指定

2 [ファイルの種類]をクリックして、「PowerPointテンプレート」を選択

3 保存先を指定する。「Officeのカスタムテンプレート」のままならPowerPoint起動時に「個人用」のテーマ一覧から選択できる

4 ファイル名を入力

5 [保存]ボタンをクリックすると、テンプレートとして保存される

↑スキルアップ 保存したテンプレートを使うには

[Officeのカスタムテンプレート]に保存した場合、起動時のテンプレート選択画面で[個人用]をクリックし❶、保存してあるテンプレートを選択❷、表示される画面で[作成]ボタンをクリックすると利用できます。他のフォルダに保存した場合や、作成中のファイルにテンプレートのデザインを適用する場合は、[デザイン]タブの[テーマ]の[その他]ボタンをクリックし、[テーマの参照]を選択。表示される画面で保存したテンプレートを選びます。

第3章
読みやすさはメリハリで魅せる!

プレゼンや提案に利用するスライドは、作り手の意図するメッセージがどれだけしっかり伝わるかが重要であり、そのための"読みやすさ"が求められています。文字の大小だけでなく、配置、向き、レイアウトなど、さまざまな方向からアプローチすると効果的です。

No.014 1スライド・1メッセージが伝わりやすさのキモ

提案書やプレゼンのスライドを作成する際は、「何を伝えたいのか」を明確にすることが大切です。1スライドに1つのメッセージしか入れないことを心がけ、アイキャッチしやすい位置に効果的に表示しましょう。

"魅せる"法則
- スライドメッセージは1行でまとめよ!
- メッセージはアイキャッチしやすい位置に置くべし!

結論や要旨、コンセプトなどは、目につきやすい位置に1行で書きましょう。だらだらとした読ませる文章ではなく、シンプルに伝えることが大切です。スライドメッセージは、通常は、ヘッダー領域のタイトルのすぐ下に書きます。図形などで囲む、ワードアートを使うなど、目立たせる編集も効果的です。

スライドメッセージを載せていない例
「だから何」が伝わってこない

ヘッダー領域にメッセージを載せた例
内容から「何を伝えたいのか」が明確

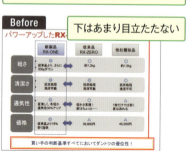

下はあまり目立たたない

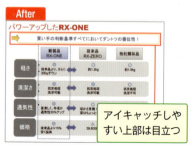

アイキャッチしやすい上部は目立つ

> 第3章 読みやすさはメリハリで魅せる!

ワードアートで文字を目立たせる

1 目立たせたいスライドメッセージのテキストボックスまたは文字列を範囲選択

2 [書式]タブの[ワードアート]にある[その他]ボタンをクリック

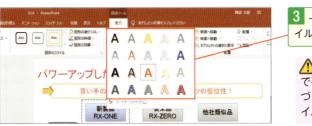

3 一覧からスタイルを選択する

⚠ プレビューで確認し、読みづらくなるスタイルは避ける

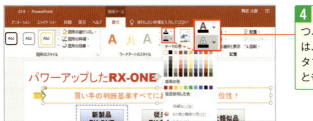

4 文字内の塗りつぶしや輪郭線は、後からカスタマイズすることもできる

◎スキルアップ　ワードアートとして挿入する

スライドメッセージを入力する際に、はじめからワードアートとして挿入することもできます。[挿入]タブの[ワードアート]ボタンから、デザインのスタイルを選択します❶。スライド中央の「ここに文字を入力」と表示されたところにメッセージを入力し、位置やサイズを整えて完成です。

No.015 スライドに長文は厳禁!「要約力」で箇条書きに

プレゼンテーション時に、文字がぎっしり詰まったスライドを見せながら説明するのは厳禁です。ポイントを押さえ読みやすくするためには、箇条書きでまとめておくことが大切です。

第3章　読みやすさはメリハリで魅せる!

"魅せる"法則
- 箇条書きは「要約力」を駆使せよ!
- 箇条書きは階層を明らかにすると読みやすく、柱が明確になる!

箇条書きを入力する際に大切なのは、情報を要約してシンプルなフレーズで書くことです。また、箇条書きをずらずらと何行も書くのではなく、柱となる箇条書きの下位の情報も箇条書きでまとめるなど、階層を明らかにしながら書くこともポイントです。インデント機能を活用してみましょう。

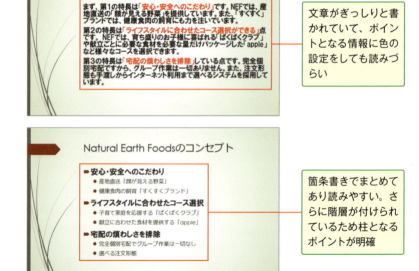

インデントで箇条書きの主従関係を明確にする

1 あらかじめ箇条書きが入力されているプレースホルダー内で、下位のレベルにしたい箇条書きを範囲選択

2 [インデントを増やす]ボタンをクリック

3 下位のレベルに字下げされ、箇条書きの記号や文字の大きさが変更される

4 同様に他の箇条書きにも[インデント]の設定を行う

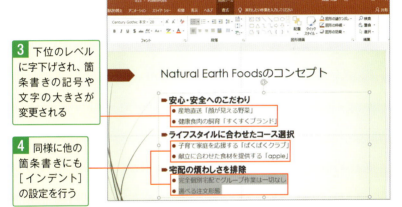

💡 階層を元に戻すには、[インデントを減らす]ボタン([インデントを増やす]ボタンの隣)をクリックします。

⊕スキルアップ レベルは5階層まで指定できる

箇条書きのレベルは5階層まで指定できます。また、マスター画面で、各レベルの行頭記号を変更したり、フォントの種類やサイズを変えたりすることも可能です。マスターで階層ごとの書式を設定すれば、すべてのスライドの箇条書きに適用され便利です。

No.016 行間は「まとまりをブロック化」する手段と心得よ

スライド内の文字を読みやすくするテクニックの1つに、「行間」の調整があります。全体をまとめて調節するのではなく、内容の**まとまりをブロック化して見せる**のに役立つ行間調節方法をマスターしましょう。

> **"魅せる"法則** ◉ 入力されている情報を「まとまり」で見せるため、大項目前の行間は広く、小項目の行間は狭くせよ！

一般的には、行間は狭いと読みにくく、広いと読みやすくなると考えられます。ただし行間が広くても、間延びして見え読みにくい場合もあります。**内容ごとに狭くする個所と広くする個所を設け、入力されている情報を「まとまり」として見せる**工夫をしましょう。

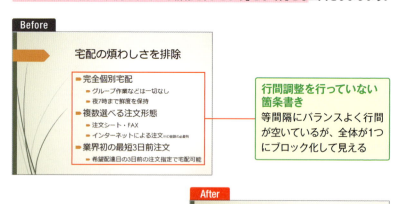

Before

行間調整を行っていない箇条書き
等間隔にバランスよく行間が空いているが、全体が1つにブロック化して見える

After

行間調整を行った箇条書き
大項目の前の行間を広げ、下位にある小項目間の行間を狭くすることにより、ポイントとなる3つの情報がブロック化されて見やすくなっている

大項目の前の行間を広くする

1 大項目の段落内をクリック

2 [ホーム]タブの[段落]にある[ダイアログ起動ツール]をクリック

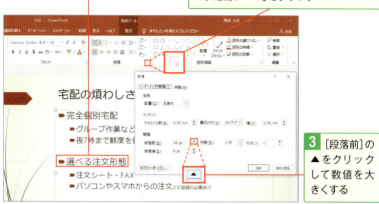

3 [段落前]の▲をクリックして数値を大きくする

4 [OK]をクリックすると、段落前の間隔が広がる

💡 PowerPointでは段落ごとに、行間・段落前・段落後の間隔をポイントで単位で調整できます。

小項目の間の行間を狭くする

1 小項目の段落内をクリック

2 [ホーム]タブの[段落]にある[ダイアログ起動ツール]をクリック

3 [段落前]の▼をクリックして数値を小さくする

4 [OK]をクリックすると、クリックした段落前の間隔が狭くなる

No. 017 動きのある「効果」文字でインパクトを出す

伝えたい文字情報そのものの形状にこだわることで、インパクトを出し、ダイナミックに情報を伝えることができます。「形状」や「3-D回転」など、ワードアートの効果を個別に調節するとより印象を変えられます。

> **"魅せる"法則**
> - ダイナミックな文字情報は「効果」の設定が要！
> - 奇をてらいすぎて「読みづらい文字」にならないように注意！

文字だけでインパクトを与えるには、フォントサイズや色だけでは限界があります。文字の「効果」を変更することで伝えたいメッセージをより効果的に演出することができます。注意したいのは、「奇をてらいすぎた効果を設定しない」ということです。読みやすさを損なうような効果はかえって弊害となります。

ワードアート文字を「変形」し、凹レンズ効果を指定した例

ワードアート文字に3D回転を設定した例

「変形」で文字のカタチに凝る

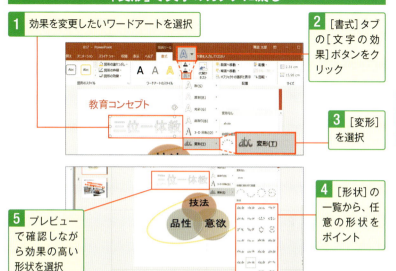

1. 効果を変更したいワードアートを選択
2. [書式]タブの[文字の効果]ボタンをクリック
3. [変形]を選択
4. [形状]の一覧から、任意の形状をポイント
5. プレビューで確認しながら効果の高い形状を選択

「3-D回転」で動きや立体感を出す

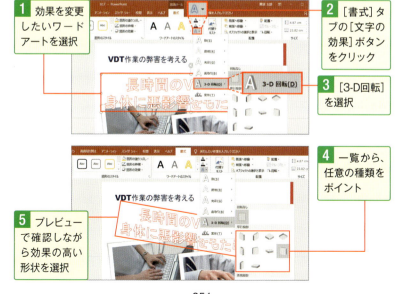

1. 効果を変更したいワードアートを選択
2. [書式]タブの[文字の効果]ボタンをクリック
3. [3-D回転]を選択
4. 一覧から、任意の種類をポイント
5. プレビューで確認しながら効果の高い形状を選択

No.018 「太い書体」と「細い書体」の組み合わせでメリハリを効かす

「投影スライド」として読みやすくする場合、ゴシック体を多く使用するのが一般的です。ただし書体は、単なる「読みやすさ」だけでなく、与える印象に影響します。内容や読み手に合わせた書体選びを心がけましょう。

"魅せる"法則	◎書体は「読み手（対象者）」や「内容」に合わせて選べ！ ◎太い書体と細い書体のメリハリで魅せよ！

文書全体の印象を決める中で「書体」選びは大切です。「読み手（対象者）」や「文書の内容」によって使う書体にはこだわりましょう。また、書体を組み合わせる際は、太い書体と細い書体のメリハリを活かした活用が見やすさにつながります。

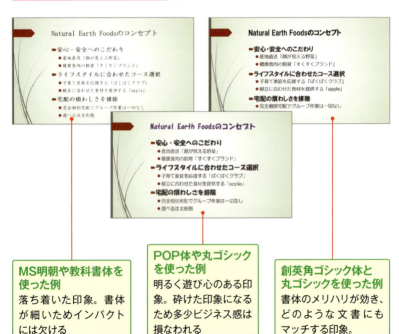

MS明朝や教科書体を使った例
落ち着いた印象。書体が細いためインパクトには欠ける

POP体や丸ゴシックを使った例
明るく遊び心のある印象。砕けた印象になるため多少ビジネス感は損なわれる

創英角ゴシック体と丸ゴシックを使った例
書体のメリハリが効き、どのような文書にもマッチする印象。

「書式のコピー/貼り付け」で効率よく文字編集する

同じ書式を何ヵ所にも利用するには、書式のコピー機能を活用しましょう。なお書式の設定やコピーは、プレースホルダー内のすべての文字に行いたいときはプレースホルダーを選択。個別にメリハリを付けたい場合は対象の文字だけを選択して行います。

1 プレースホルダーを選択

2 [ホーム]タブの[フォント]ボタンをクリックしてフォントを選択

3 文字列に複数の文字書式を指定したあと、文字列を範囲選択

4 [ホーム]タブの[書式のコピー/貼り付け]ボタンをクリック

5 書式を貼り付けたい文字列をドラッグすると、コピー元の書式と同じ設定がされる

⊕スキルアップ 英文フォントも工夫しよう

フォントは、日本語用のフォントだけでなく、英文フォントも豊富な種類から選ぶことができます。英文フォントも文書の雰囲気や印象を左右するため、内容に合わせて選びましょう。

No. 019 PowerPointで縦書き!? 意外と使える縦横の合わせ技

文字情報は通常横書きで統一するのが基本ですが、縦書きと横書きをうまく組み合わせれば、スペースを無駄なく使用したり、文字の情報を効果的に見せることもできます。

"魅せる"法則
- 縦書きと横書きを組み合わせることで無駄な余白を減らせ！
- 英文フォントを縦書きに配置してデザイン要素に！

行数が多い文字情報を横書きだけにこだわって入力してしまうと、不自然な余白が生まれたり、読みやすさが損なわれたりすることがあります。こんな時は、横書きだけでなく、縦書きも上手く組み合わせましょう。横長のスライドでは縦書きにして左から右に向かって文字情報を入力したほうが読みやすくなる場合があります。

Before

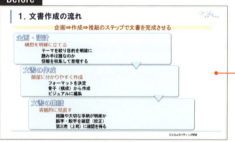

すべての文字情報を横書きで上から下に向かって配置した例
不自然な余白が生まれ、文字も小さい

After

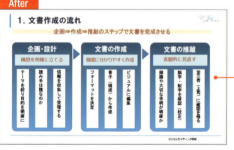

行数が多いプロセスを縦書きにして、左から右に配置した例
無駄な余白もなく、横書きの部分で全体を、縦書きの部分で細かなステップをおさえられる

文字方向の変更で縦書きにする

1 縦書き入力する図形を選択

2 [ホーム]タブの[文字列の方向]ボタンをクリック

3 一覧から[縦書き]を選択

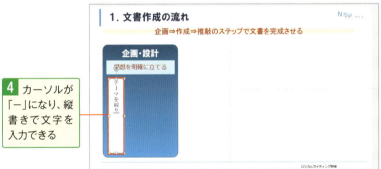

4 カーソルが「-」になり、縦書きで文字を入力できる

◆スキルアップ 英文フォントは回転させてデザインに

英文フォントを縦書きにする場合は、回転の指定を行います。頻繁に使う操作ではありませんが、回転した英文字は、デザインのように扱うこともできます。英文字を入力したら❶、[ホーム]タブの[文字列の方向]ボタンをクリックして❷、[左へ90度回転]を選択しましょう。

No.020 「見せ文字」と「読ませ文字」の使い分けでメリハリを出す

スライド上の文字は、ポイントとなる情報がしっかり見えることが大切です。文字の多いスライドでは、「柱となる見せる文字」と「詳細に読ませる文字」のサイズに差をつけて、メリハリを出す編集をするとよいでしょう。

> **"魅せる"法則**
> - 「見せる文字」と「読ませる文字」はサイズに差をつけよ!
> - 文字の折り返しは「間隔」を狭くして1行でまとめよ

文字に階層を設けると、レベルによりサイズに大小は付くものの、その差は小さくポイントとなる情報が目立ちません。一方すべての文字が大きい場合は、「文字ばかりで読む気がしない」と思われる危険性も。柱となる情報を「見える」ようにするには、他の文字との差を大きく、大胆に拡大することが大切です。

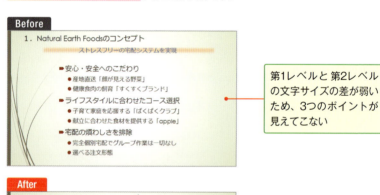

第1レベルと第2レベルの文字サイズの差が弱いため、3つのポイントが見えてこない

第1レベルの文字サイズと第2レベルの文字サイズの差があるため、柱となる情報が見えてくる

文字のサイズをまとめて変更する

1 Ctrlキーを押しながら、サイズ変更したい文字列をドラッグして選択

2 [ホーム]タブの[フォントサイズの拡大]ボタンを数回クリック

3 範囲選択した箇所のフォントサイズが拡大される

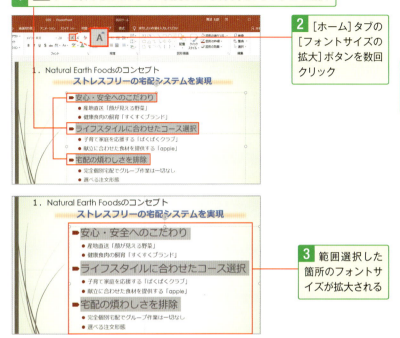

↑スキルアップ 数文字の折り返しは「文字の間隔」で調整せよ

ポイントとなる「見える」文字はなるべく大きく拡大しますが、文字列の長さによっては折り返してしまう場合があります。数文字程度の折り返しは、文字の間隔を狭めて1行に収めてしまいましょう。対象の文字列を選択したら❶、[ホーム]タブの[文字の間隔]ボタンをクリックして❷、[狭く]や[より狭く]を選択します❸。プレビューを確認して、1行に収まる間隔を選びます❹。

No.021 文字の「下付き」でドロップキャップを実現

先頭の文字を大きくして目立たせる「ドロップキャップ」は、アイキャッチしやすくメリハリを出すのに有効です。PowerPointにはない機能ですが、「下付き」機能でドロップキャップのように見せることができます。

"魅せる"法則
- 大きな1文字目でアイキャッチしやすさを実現
- [フォント]ダイアログボックスを使い表現の手法を広げよ

ドロップキャップなどPowerPointにない手法も、既存の機能で再現できます。書式に関する機能のまとまった[フォント]ダイアログボックスを使いこなして、表現の幅を広げましょう。

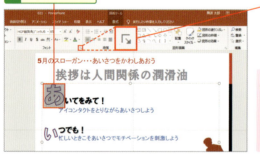

1. 1文字目を選択
2. [ホーム]タブの[フォント]にある[その他]ボタンをリック

⚠ 下付きにしたときバランスが良いよう、1文字目は大きくしておきます。例では目立つようワードアートも設定しています。

3. [フォント]タブの[下付き]にチェックを付ける
4. [OK]ボタンをクリック

💡 下付きが設定されると、先頭の文字が複数行にまたがったように見えます。上図の「い」がその状態です。

第4章
色使いは配色で魅せる!

用意されたテーマである程度カラフルなスライドが作れるのはPowerPointの魅力ですが、ちょっとしたアレンジを加えることでその完成度を大きくアップできます。色の与える印象は、見る人に大きな影響を与えます。その力を活用するテクニックをマスターしましょう。

No.022 もはやスライド作りの常識？ 色の3属性を理解しよう

プレゼン資料を効果的に魅せるには、色の与える印象や配色バランスを考える必要があります。色の3属性（色相・彩度・明度）を理解することからスタートしましょう。日常のカラーコーディネイトにも役立ちます。

"魅せる"法則
- 「色相」は色合い。色相環で色の相性を考えよ
- 「彩度」は鮮やかさ。低いと無彩色となる
- 「明度」は明るさ。高いと白っぽく、低いと黒っぽい

「色相」とは、色合いのことを指します。また、「色相環」とは色を順序だてて円周上に並べたもので、「赤」「青」「黄」「緑」が対極になるパターンが多いものです。色相環では、反対側にある色同士を「補色」とよび、互いを引き立たせる効果があると言われています。また、暖色系、寒色系があり、与える印象が異なります。

暖色
暖かさや刺激的、動的な印象を与える
強調ポイントに用いるのも効果的

中性色
中間的な印象

同系色（類似色）の関係
調和のある印象を与えたい場合

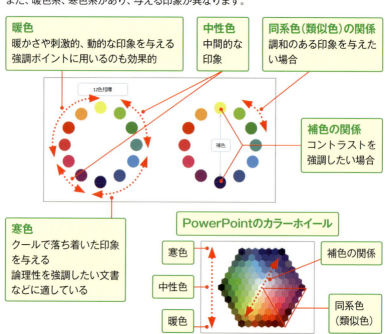

補色の関係
コントラストを強調したい場合

寒色
クールで落ち着いた印象を与える
論理性を強調したい文書などに適している

PowerPointのカラーホイール

寒色／中性色／暖色　　補色の関係　　同系色（類似色）

彩度（鮮やかさ）の設定方法

「彩度」は色の鮮やかさをあらわします。彩度が低くなると、「無彩色」といい、「グレー、黒、白」となります。彩度の変更は、PowerPointの［色の設定］の［ユーザー設定］タブで詳細な設定ができます。

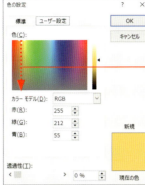

1 彩度の高い色（左側）から低い色（右側）に向かって配置した例。一番右側は無彩色（グレー）となっている

2 ［色の設定］ダイアログボックスの［ユーザー設定］タブで、上部にある色は彩度が高く、下部は彩度が低くなる。彩度を低くするには、選択されている色の下部をクリックする

 ［書式］タブにある［図形の塗りつぶし］ボタンをクリックし、［その他の色］を選択すると、［色の設定］ダイアログボックスが表示されます。

明度（明るさ）の設定方法

「明度」は色の明るさをあらわします。明度が低くなると暗い色に変化し、明度が高くなると白っぽい色に変化します。明度の変更は、上と同じ画面の右側のスライダーをドラッグします。

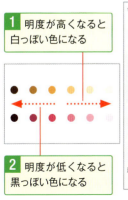

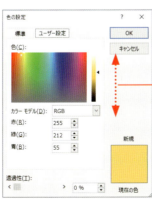

1 明度が高くなると白っぽい色になる

2 明度が低くなると黒っぽい色になる

3 ［色の設定］ダイアログボックスの［ユーザー設定］タブで、つまみを上にドラッグすると、明度が高くなり、下にドラッグすると明度が低くなる

No.023 テーマのイメージが違っても カラーバリエーションで変わる

PowerPointでは、選択したテーマによって配色のパターンが決まっていますが、この配色は変更できます。初期設定されたカラーが気に入らなくても、配色の変更でイメージに合ったカラー選びが簡単にできます。

"魅せる"法則
- バリエーションを変えれば、配色パターンが変わる!
- 配色を変更すれば、同じテーマでも見違えるほど文書の印象が変わる!

「配色」とは、図形や表、SmartArtなどにあらかじめ設定されている塗りつぶしや線の色のパターンです。個別に色を変更することもできますが、操作に時間がかかる上、統一感が損なわれることも。配色を丸ごと変更すれば、統一感を保ちながら印象を変えることができます。

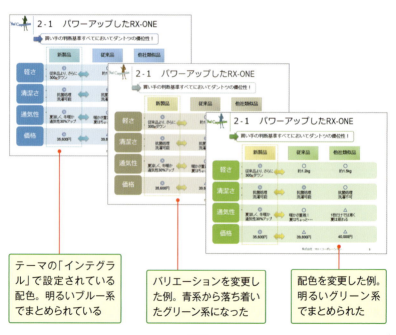

テーマの「インテグラル」で設定されている配色。明るいブルー系でまとめられている

バリエーションを変更した例。青系から落ち着いたグリーン系になった

配色を変更した例。明るいグリーン系でまとめられた

選んだテーマのバリエーションを変更する

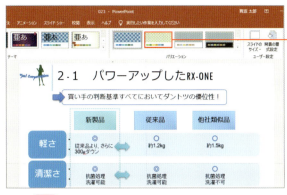

1 [デザイン]タブの[バリエーション]にあるバリエーションの一覧から変更したいイメージのパターンをクリック

用意されているバリエーションの数は、テーマによって異なります。

2 選択したバリエーションですべてのスライドの配色が変更される

あらかじめマスターでレイアウトを変更している場合は、タイトル位置などが変更されるため注意が必要

◎スキルアップ 配色をもっと多くの選択肢から選ぶ

配色は既定で設定されているもの以外にも変更できます。寒色系、暖色系、中間色など様々な配色セットが用意されており、[デザイン]タブの[バリエーション]にある[その他]ボタンクリックして、[配色]を選択するだけで、文書の色のイメージが変わります❶。

No. 024 図形と文字の色合わせは補色または明度差を付ける

スライド作成で最も多い操作は、図形を作成し、その図形内に文字を入力することでしょう。だからこそ、図形と文字の色合わせが大切です。図形内の文字が読みやすい色合わせにするには、いくつかの方法があります。

"魅せる"法則
- "補色"でメリハリを活かした配色に！
- 同系色ならば"明度"の差を大きくせよ！

図形と文字の配色は、同系色や補色で考えるのが一般的で、読みやすくなります。また、背景をダークにした白抜き文字は文字がくっきりと見えインパクトを与える効果もあります。

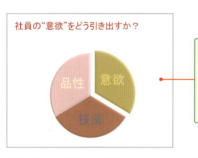

色合わせが悪く、読みづらいパターン
（右から時計回りで）同系色で明度の差があまりない。濃い背景色に濃い色の文字。薄い背景色に薄い色の文字化されて見やすくなっている

同系色で明度差が大きい配色
統一感があり文字が読みやすい

濃い背景を使った白抜き文字
インパクトがある

補色を活かした配色
メリハリが効いている

同系色で明度の差を大きくする

1 対象の図形を選択し[書式]タブの[図形の塗りつぶし]ボタンをクリック

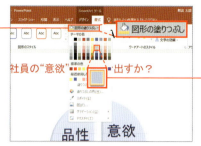

2 テーマの一覧から背景色を選択

3 続けて、[文字の塗りつぶし]ボタンをクリック

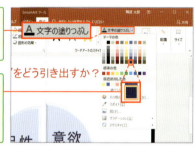

4 テーマの一覧から図形の背景色と同系色で明度差がある色を選択

⚠ 図形と文字の色の明度差が小さいと読みにくいので注意を。色の選択時、図の一覧で上下に隣接する色は選ばず、最低でも2つ以上の明度差を設けます。

補色を指定する

1 対象の図形を選択し[書式]タブの[図形の塗りつぶし]ボタンをクリックして、[その他の色]を選択

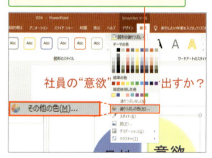

2 [色の設定]ダイアログボックスの[標準]タブを選択して、カラーホイールから塗りつぶしの色を選択

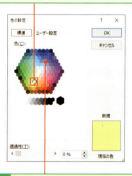

3 文字色を指定する場合は、補色となる対極の色を選択

⚠ 補色でもメリハリが出ない場合はあります。その場合、片方の色の明度を上げて中心の色を選んでみましょう。

No.025 配色は同系色でまとめるかトーンを揃えるべし

スライド内の**オブジェクトに対する配色は、基本的に同階層のものは同じ色で統一**すると、すっきりと落ち着いて見えます。また、色の使い過ぎは禁物です。3～5色以内にまとめることを心がけましょう。

"魅せる"法則

- 使う色は3～5色以内にまとめるべし！
- 同系色ならトーンの縦のラインでメリハリをつけよ！
- 異なる色はトーンの横のラインで揃えよ！

スライド全体の配色を考えるときは、見やすく色分けの意図がわかるようにします。具体的には、色使いに規則性を持たせ、同系色ならば、トーンのメリハリで見せる、情報ごとに色を変更するならば、トーンを揃えるなどと設定することで、見やすく統一感のある配色ができます。

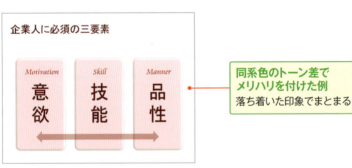

同系色のトーン差でメリハリを付けた例
落ち着いた印象でまとまる

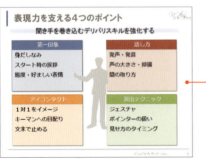

4つのオブジェクトそれぞれに異なる色を設定した例
色を変更しても階層ごとにトーンを揃えることで多色使いの弊害がない。また、タイトルや他のオブジェクトの色を無彩色にして、無駄な色を使っていない

第4章 色使いは**配色**で魅せる！

トーンの変更を利用して規則性のある色使いをする

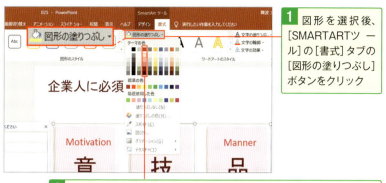

1 図形を選択後、[SMARTARTツール]の[書式]タブの[図形の塗りつぶし]ボタンをクリック

2 前ページの上の例のように同系色で揃える場合は、縦のラインで色選びをする。背景色はトーンの一番上、文字は中央の色や最も下の色を選ぶ

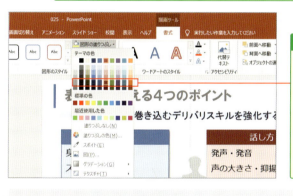

3 前ページの下の例のように異なる色を指定した場合は、横のラインで色選びをする。たとえば、オブジェクトの色のトーンは、異なる色でもトーンを揃える

♦スキルアップ 色の使い過ぎに注意

スライド内で使う色使いは、多くても5色以内に抑えたいものです。いくらトーンを揃えても、ポイントとなる情報以外に多くの色を設定してしまうと、ただカラフルなだけで、色分けした効果が得られないスライドになってしまいます。図は4つのオブジェクト以外の箇所の色使いが多すぎる例です。カラフルなだけで見るべき4つのポイントが際立っていません。

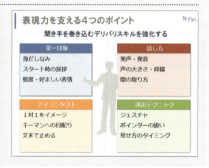

No.026 変化やプロセスを表すには グラデーションが効果的

図形の塗りつぶしに変化を付ける効果として「グラデーション」があります。ただし意味なく設定するとかえって見づらくなってしまうことも多く、しっかりと効果が得られる使い方が大切です。

"魅せる"法則
- 方向付けのグラデーションは図形単体に！
- 複数の図形は段階的に明度を変えてグラデーション化せよ！

グラデーションは、図形を立体的に見せる効果があります。また、変化やプロセスを表す場合にも適しています。図形単体を特定の方向に向けてグラデーションしたり、複数の図形の彩度を変えながら、スライド内全体のグラデーション効果をつけるのも効果的です。

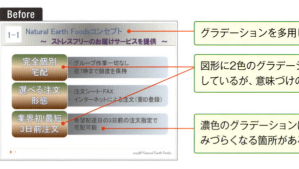

Before
- グラデーションを多用したスライド
- 図形に2色のグラデーションを設定しているが、意味づけの効果はない
- 濃色のグラデーションは、文字が読みづらくなる箇所がある

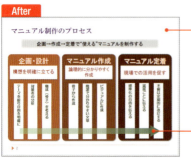

After
- プロセスの段階ごとに図形の色を変化させ、全体をグラデーションした例
- さらに矢印図形に右方向のグラデーションを設定した例。視線の誘導にひと役買っている

同じ色の図形の明度を段階的に下げる

スライド内でプロセスなどを段階的に見せる場合、図形ごとに明度を下げてグラデーション化します。まずは、複数の図形を同じ色に設定したあと、図のように図形ごとに明度を下げます。明度の変更は[色の設定]ダイアログボックスで行います。

1 明度を下げたい図形を選択

2 [図形の塗りつぶし]ボタンをクリックして、[その他の色]を選択

3 [ユーザー設定]タブを選択

4 スライダをドラッグして明度を下げ、[OK]ボタンをクリック。もう1つの図形もさらに明度を下げると、前ページの「After」のように全体がグラデーション化された図解が完成

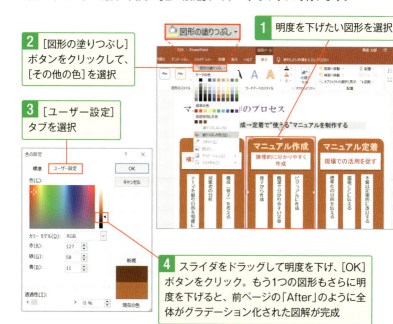

⊕スキルアップ 図形単体のグラデーションも活用しよう

図形単体のグラデーションは、パターンの一覧から選択できます。対象の図形を選択したら、[書式]タブの[図形の塗りつぶし]ボタンをクリックし❶、[グラデーション]を選択。使いたいパターンを選択しましょう❷❸。また[その他のグラデーション]から❹、[図形の塗りつぶし]をクリックすると❺、始点や終点の色を自由に指定もできます❻。

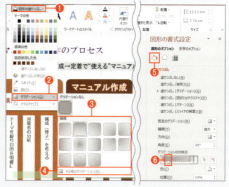

No.027 テーマによって定番色がある！見る人に与える印象を完全操作

寒色系はクールで知的な印象、暖色系は温かみを与えるなど、色がもたらす印象があります。この印象を効果的に使いスライド作成することで、目的や対象に合わせた内容を作成できます。

"魅せる"法則
- ビジネス、ITは寒色系がほとんど！
- 衣食住やファミリーの印象が強い暖色系！
- エコ、自然などは緑を中心とした中間色で！

一般的にIT関連の内容は寒色系、環境やエコをテーマにした内容ならグリーン、生活関連のものなら暖色系など、色によって与える定番のパターンがあり、そのパターンを押さえて作成することで文書の印象や雰囲気作りを効果的にまとめることができます。

第4章 色使いは**配色**で魅せる！

寒色系でまとめた例
クールで知的、ビジネス感を損なわない落ち着いた印象でまとまっている

暖色系でまとめた例
温かみがあり生活感も感じさせる。衣食住に関連した内容に使うことが多い

グリーン（中間色）でまとめた例
リサイクル、エコなど環境に関連した内容に使うことが多い

色の基本セットを「配色」から選ぶ

1. [デザイン]タブの[バリエーション]にある[その他]ボタンをクリック

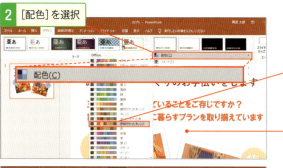

2. [配色]を選択

3. 配色セットの一覧から設定したい配色を選択。寒色系や暖色系などが揃っている

4. スライド内の図形や文字の色が設定した配色に変わる

5. 配色を変更すると、[図形のスタイル]の[その他]ボタンで表示される配色のセットも変わり、統一感のある配色で図形のスタイルを設定できる

◎スキルアップ 対象に合わせた配色も考えよう

対象に合わせて配色を考えることも大切です。たとえば、子供を対象としたスライドを作成する場合は、彩度が高い配色にすると、元気で活発な印象を与えることができます。高齢者、家族など対象に合わせて配色を考えることで、より印象的なスライドを作成できます。

No. 028 図形を重ねると見えない…「透明度」を使い後ろも活かす

作成した図形には「透明度」を指定できます。図形同士の重なりを強調したり、背景を活かしながら文字を重ねるのに重宝する機能です。なお、透明度を設定する図形は、最初の色を濃くしておくと薄くなりすぎません。

"魅せる"法則
- 図形を重ねた時には「透明度」で下の図形も活かせ！
- 透明度を設定する図形は「濃い」色を選んでから指定せよ！

複数の図形を配置した際、「透明度」を指定すると図形同士の重なりの部分を効果的に見せることができます。また、写真に文字を重ねる場合、透明度を指定した図形内に文字を入力すれば、写真を隠すことなく文字も読みやすくなります。

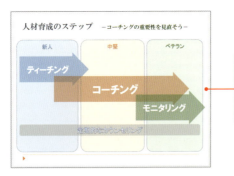

重ねた図形の塗りつぶしに50%の透明度を指定した例。重なった部分を強調した見せ方ができる

写真画像に、白の図形内に文字を入力し、透明度を50%に指定した例。背景の写真を隠すことなく、重ねた文字も読みやすくしている

透明度をパーセントで指定する

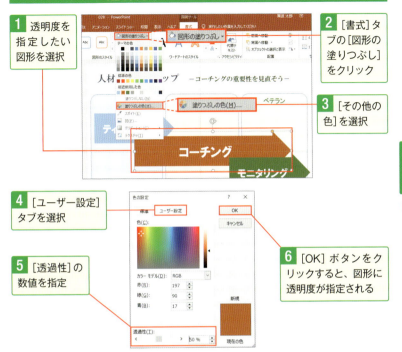

1 透明度を指定したい図形を選択
2 [書式]タブの[図形の塗りつぶし]をクリック
3 [その他の色]を選択
4 [ユーザー設定]タブを選択
5 [透過性]の数値を指定
6 [OK]ボタンをクリックすると、図形に透明度が指定される

◆スキルアップ 文字が読みづらくならないように注意する

写真などに直接文字を重ねて表示する際は、図形に文字を入力したあと、透明度の指定を行います。ただ、背景の写真と同系色の文字色にすると、せっかく透明度を設定しても読みづらいものです❶。文字色の変更、輪郭線付きのワードアートの使用などで読みづらくならないようにしましょう❷。

No. 029 主役は派手に彩度を高く！エリアは塗りつぶして魅せる

プレゼンテーションのスライドは、「どこに着目するのか」がひと目でわかることが大切です。主役は彩度の高い色で目立たせましょう。エリア全体を色の図形で塗りつぶし、マーカー塗ったように見せるテクも有用です。

> **"魅せる"法則**
> - 主役は派手に、彩度の高い色を使え！
> - エリア全体をマーカーで塗ったように見せると目立つ！

情報が多いスライドでは、「見たときに何が主役なのか」をはっきりさせる色の編集が必要です。この時、主役となる色は目につきやすいように彩度の高い色にします。引き立て役の色は無彩色やワントーンでまとめることで、より主役となる情報が目に入りやすくなります。

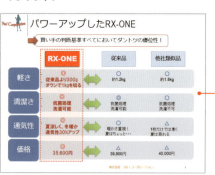

ポイントとなる情報（図形や文字）を彩度の高い「赤」でまとめ、他を寒色系でまとめた例

見てほしい系列は彩度の高い「赤」にし、他を無彩色のグレーでまとめた例。これで主役がはっきり見えるようになった

彩度の高い色をとことん使う

特定の箇所を目立たせたいときは、中途半端は禁物。図形や文字すべてに対して彩度の高い「赤」などの色を設定することで、他のデータとのメリハリがつきます。また、エリア全体に塗りつぶしを指定した際、透明度を指定すると、バラバラの情報をまとめて見せることができます。

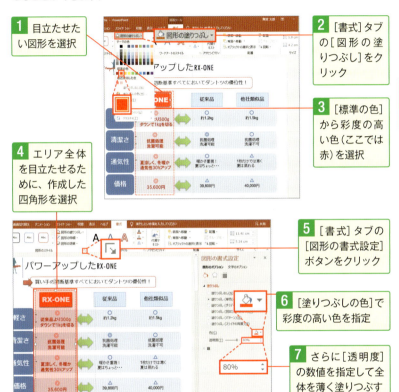

1. 目立たせたい図形を選択
2. [書式]タブの[図形の塗りつぶし]をクリック
3. [標準の色]から彩度の高い色(ここでは赤)を選択
4. エリア全体を目立たせるために、作成した四角形を選択
5. [書式]タブの[図形の書式設定]ボタンをクリック
6. [塗りつぶしの色]で彩度の高い色を指定
7. さらに[透明度]の数値を指定して全体を薄く塗りつぶす

◎スキルアップ　1ヵ所だけを見せたい場合は他のトーンを揃える

見せたい系列のさらに1ヵ所だけに着目させたい場合には❶、着目させたい箇所以外の色のトーンを揃え、主役が引き立つように明度を高くするなどと設定するとよいでしょう❷。明度が高いと、設定した色が薄く見えるため、主役となる色がより引き立ちます。

No.030 テクスチャで図形の背景の魅せ方を変える

図形の塗りつぶしにテクスチャを使用すると、単なる色とは異なる見せ方ができます。大理石やコルクなど素材感を強調したパターンを用いると効果的です。大柄のパターンは字が読みにくくなるので注意しましょう。

"魅せる"法則
- 読みやすさを損なわない素材感を強調したパターンを活用せよ！
- 多用せず1つの階層のみで使え

テクスチャは多用するとかえって見づらくなってしまいます。点数を絞り、1つの階層のみで使うとよいでしょう。

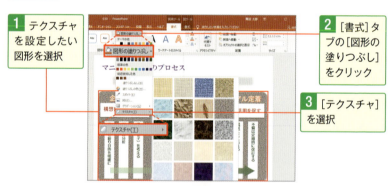

1. テクスチャを設定したい図形を選択
2. [書式]タブの[図形の塗りつぶし]をクリック
3. [テクスチャ]を選択

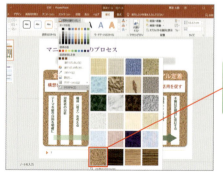

4. 表示されたパターンをポイントして、プレビューを確認しながら、効果的なものを選択

第5章
表は一覧性で魅せる！

一覧性を高めて情報の見やすさをアップできる「表」は、スライド作りにおいても積極的に活用したい手法の1つです。文字の配置、罫線のアレンジなどで整えるのはもちろん、「魅せポイント」の作成などプレゼンをより効果的に行うためのコツを使いこなしましょう。

No. 031 「比較」を見せるには一覧性を高めた表が最適

情報を見やすく一覧性を高めて伝える手法に「表」があります。活用の幅が広く、編集操作も比較的容易です。箇条書きで書けることでも、表にしてみると比較しやすくなることが多いので、積極的に活用しましょう。

> **"魅せる"法則**
> - 一覧性を高め、比較して見せたい時は表が最適！
> - 表デザインは「スタイル」一覧からワンクリックで選択すれば一瞬で完成！

表を活用する目的は、一覧性を高めることによって、「比較する」「推移をみる」等の見せ方ができる点にあります。また、表を活用した場合、罫線を強調しすぎず、すっきりしたデザインにすることで、より見やすくなります。

第5章 表は一覧性で魅せる！

Before

ライフスタイルに合わせたコース選択
子育て世代・こだわり派・バリキャリ派へ、NEFなら納得！

▶ PAKUPAKUクラブ （年会費：500円　会員数15,000世帯）
　▶ 安心・安全・リーズナブルな食材を提供。
　　食べざかりの子供を抱える家庭をターゲット

▶ 雅～MIYABI～ （年会費：1,000円　会員数2,500世帯）
　▶ 高級食材や産地指定のこだわり食材を扱い、お取り寄せ感を演出。
　　質を重視するこだわり世代をターゲット

▶ Apple （年会費：800円　会員数8,000世帯）
　▶ 献立ごとに必要な食材を必要な量だけパッケージ。
　　単身者で働く主婦をターゲット

表にしない例
平凡に見えるだけでなく、本来の目的である「比較」効果が弱く、単なる概要説明として見える

After

ライフスタイルに合わせたコース選択
子育て世代・こだわり派・バリキャリ派へ、NEFなら納得！

コース名	概要	年会費	年間会員数（見込）
PAKUPAKUクラブ	安心・安全・リーズナブルな食材を提供。食べざかりの子供を抱える家庭をターゲット。	500円	15,000世帯
雅（MIYABI）	高級食材や産地指定のこだわり食材を扱い、お取り寄せ感を演出。質を重視するこだわり世代をターゲット。	1,000円	2,500世帯
apple	献立ごとに必要な食材を必要な量だけパッケージ。単身者で働く主婦をターゲット。	500円	8,000世帯

表を利用して一覧性を高めた例
3つのコースの概要を含め、年会費や会員数などを比較することが容易

表のデザインにスタイルを適用する

1 表を挿入しセル内に情報を入力したら、[デザイン]タブの[表のスタイル]にある[その他]ボタンをクリック

💡 挿入した表には、選択しているテーマに合わせたスタイルが自動的に適用されています。色やデザインを調節するには図の要領でスタイルを選びます。

2 一覧から、任意のスタイルをポイントする。プレビューで確認しながらスタイルを選択

⊕スキルアップ スタイルのオプションを使いこなす

スタイルの設定を終えたら、必要に応じてオプションを調節しましょう。[デザイン]タブの[表スタイルのオプション]でオン・オフを設定できます。たとえば[最初の列]にチェックを付けると❶、表内の左側の列のみ書式が変更されます❷。その他の項目もチェックしておきましょう。

第5章 031 表のスタイル

No.032 キーワードは中央、文章は左、数字は右が配置の鉄則！

表を活用した際、セル内の情報の配置によって見やすさはぐんと変わります。キーワード、文章、数値など情報の種類によってどのような配置が見やすいかを覚えておきましょう。また、効率的な設定のコツも紹介します。

"魅せる"法則
- キーワードは中央、文章は左、数字は右が基本！
- 表全体を上下中央揃えにしてから、個別の配置を指定する操作が効率的！

セル内の情報をすべて中央揃えにすると一見すっきりした印象になります。ですが、文章は、最終行の開始位置がバラバラで読みづらいなどの弊害もありますので左揃えがオススメです。また、数値情報は「桁」を揃えるのが基本です。情報の種類によって最適な配置にしましょう。

Before

ライフスタイルに合わせたコース選択

子育て世代・こだわり派・バリキャリ派も、NEFなら納得！

コース名	概要	年会費	年間会員数（見込）
PAKUPAKU クラブ	安心・安全・リーズナブルな食材を提供。食べざかりの子供を抱える家庭向け	500円	15,000世帯
雅（MIYABI）	高級食材や産地指定のこだわり食材を扱い、お取り寄せ感を演出。質を重視するこだわり世代向け	1,000円	2,500世帯
apple	献立ごとに必要な食材を必要な量だけパッケージ。単身者や働く主婦向け	500円	8,000世帯

すべての情報を中央揃えにした例
文章は、最終行の開始位置まで中央になるため、読みづらい

After

ライフスタイルに合わせたコース選択

子育て世代・こだわり派・バリキャリ派も、NEFなら納得！

コース名	概要	年会費	年間会員数（見込）
PAKUPAKU クラブ	安心・安全・リーズナブルな食材を提供。食べざかりの子供を抱える家庭向け	500円	15,000世帯
雅（MIYABI）	高級食材や産地指定のこだわり食材を扱い、お取り寄せ感を演出。質を重視するこだわり世代向け	1,000円	2,500世帯
apple	献立ごとに必要な食材を必要な量だけパッケージ。単身者や働く主婦向け	500円	8,000世帯

情報の種類に応じて配置を整えた例
項目は「中央揃え」、文章は「左揃え」で読みやすく、数値は「右揃え」で桁を揃えており、全体に見やすくまとまっている

表全体を上下中央揃え→個別の配置を指定する

セル内で情報の配置を設定する際、効率よく配置設定の操作を行うには、まずは表全体を選択して[上下中央揃え]にします。そのあと、セル内の情報の種類によって、範囲選択してから「左揃え」「中央揃え」「右揃え」のいずれかに設定します。

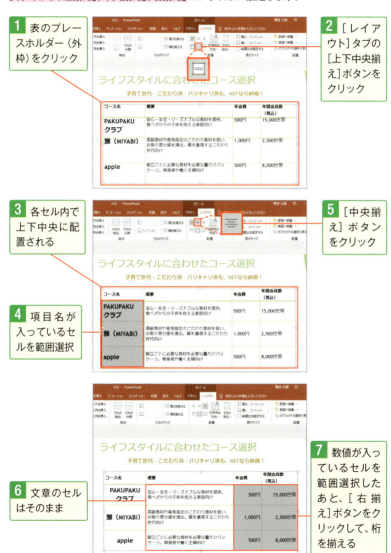

1 表のプレースホルダー(外枠)をクリック

2 [レイアウト]タブの[上下中央揃え]ボタンをクリック

3 各セル内で上下中央に配置される

4 項目名が入っているセルを範囲選択

5 [中央揃え]ボタンをクリック

6 文章のセルはそのまま

7 数値が入っているセルを範囲選択したあと、[右揃え]ボタンをクリックして、桁を揃える

No. 033 格子状の罫線からの卒業！「横のみ」や「白」でアカ抜けろ

表を利用する目的は一覧性を高めることなので、罫線もその目的を損なうことがないように指定します。罫線を指定する位置や色、太さなどを編集することが大切です。

>
> "魅せる"法則
> - 格子状の罫線はもはや「陳腐」！
> - 縦罫線なし、横罫線のみでこれだけ洗練される！
> - セルに色を指定するなら罫線は「白」でもOK！

ただの格子状の罫線ではなく、罫線を引く位置や色、太さを変化させることで、イメージがガラリと変わります。罫線は一本ずつカスタマイズでき、次ページのようにドラッグで簡単に編集できます。ただし、一覧性を損なうことなく編集することを意識しましょう。

Before

格子状に罫線を指定した例
一覧性を損なうことはないが、平凡な印象

After

縦罫線を付けず、横罫線だけを指定した例
縦罫線がなくても一覧性は保たれ、すっきりした印象でまとまっている

セルの色を指定し、罫線は白色にした例
罫線の存在感はないが、セルに色を指定しているため、一覧性は損なわれず見やすい

第5章　表は一覧性で魅せる！

罫線を1本ずつカスタマイズする

1 表内をクリック

2 [デザイン]タブの[ペンの色]をクリックして、罫線の色を選択

3 さらに[ペンの太さ]をクリックして、太さを選択

4 ポインターが「ペン」の形に変わり、罫線をドラッグすると線の色や太さが変わる

他にも、[ペンのスタイル]ボタンから、点線などのスタイルの変更ができる

⊕スキルアップ [罫線]ボタンでまとめて設定する

1本ずつ罫線の種類を変更するには、ペンのポインターが便利ですが、まとめて指定するには、罫線の色、太さ、スタイルを選択したあと❶、[罫線]ボタンの一覧から変更箇所を指定する操作が効率的です❷❸。たとえば、表全体の罫線に対して変更の指定をしたい場合は、一覧から、[格子]を選びます。

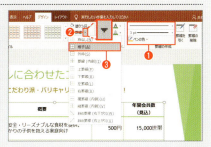

No. 034 表の魅せポイントを作るには暖色系の「塗りつぶし」が◎

表内の特定の行や列、セルに着目させたい時は、色の効果を活かすことが大切です。ただ目立たせるだけではなく、セル内の情報が見えづらくならないように変更しましょう。

"魅せる"法則
- 暖色系の明るいトーンで他のセルとの差を明確に！
- 凝りすぎは禁物。あくまでもセル内の情報が見えづらくならないように注意！

着目させたいセルには、彩度や明度を考えた暖色系の色を指定するのが基本です。また、テクスチャーや図を背景として用いるのも有効です。ただし、凝りすぎは禁物です。あくまでもセル内の情報が読みづらくならないような編集を心がけます。

タイトルに書かれてある「ふんだんなワーク」が多く入っている点を強調するために、ワークの行だけ、暖色系の色を使用

「雅」に着目させるために、背景に関連した図を設定した例。異なる質感を用いることによって、雰囲気が伝えられる

背景に図を設定して異なる質感で魅せる

1 対象のセルをドラッグで範囲選択

2 [デザイン]タブの[塗りつぶし]ボタンをクリック

3 [図]を選択

4 [画像の挿入]画面で[ファイルから]を選択

5 背景の図として設定したい画像を選択

6 [挿入]ボタンをクリック

7 セルの背景に図が設定される

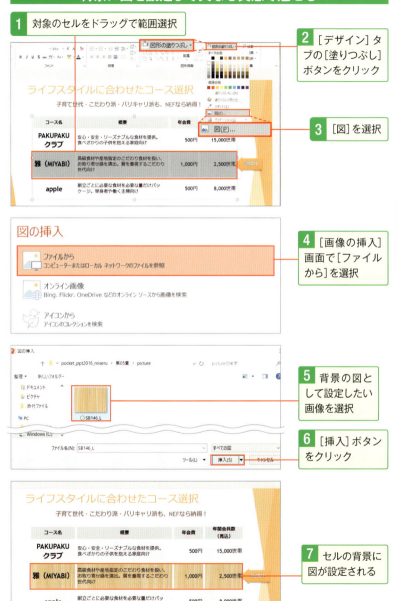

第5章 034 セルの塗りつぶし

No. 035 ExcelやWordの表を使ったら その後の「魅せる編集」は必須

スライドに使う表は、ExcelやWordの表をコピーして貼り付けることもあります。ここで大切なのが、貼り付けた後に行う魅せるための編集です。スタイルを利用すると、スライドのデザインに合う表に整います。

"魅せる"法則
- ExcelやWordの表はコピー＋貼り付けで賢く使いまわせ！
- 貼り付けは、スライドテーマの書式で違和感ゼロ！

ExcelやWordで作成済みの表がある場合、コピーして使うと作成の手間が省けますが、表のデザインは整える必要があります。[表のスタイル] 機能を利用すれば、PowerPointで作った表と同じく多彩なデザインを利用できます。

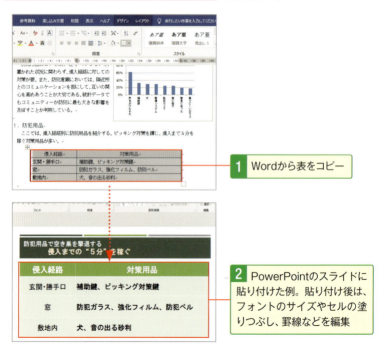

1 Wordから表をコピー

2 PowerPointのスライドに貼り付けた例。貼り付け後は、フォントのサイズやセルの塗りつぶし、罫線などを編集

貼り付けた表に[表のスタイル]を適用する

1 Wordでコピーの対象となる[表]の[全セル選択]ボタンをクリック

2 [ホーム]タブの[コピー]ボタンをクリック

3 PowerPointで表を貼り付けたいスライドを選択し、[ホーム]タブの[貼り付け]ボタンの下側の▼をクリック

4 貼り付けのオプション一覧から[貼り付け先のスタイルを使用]を選択

5 スライドに適用されているスタイルで表が貼り付けられた

6 表のサイズを拡大し、セル内のフォントサイズも拡大

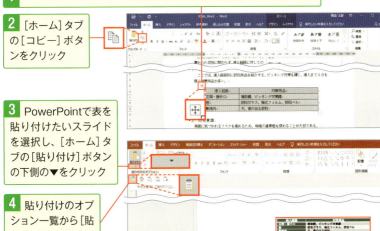

7 [デザイン]タブの[表のスタイル]一覧からスタイルを変更することもできる

8 [レイアウト]タブにある、配置用のボタンを使い文字の配置を設定

Excelのデータを貼り付ける

Excelの表は、図の要領でコピーできます。貼り付け操作は、前ページのWordの表の流用と同じです。Excelで設定されていたテーブルスタイルの利用、PowerPointのスライドテーマの利用のどちらも可能です。

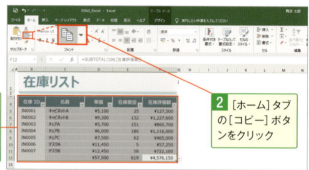

1 Excelでコピーの対象となるセルを範囲選択

2 [ホーム]タブの[コピー]ボタンをクリック

◎スキルアップ　Excelの機能を活かしたい時は「埋め込み」で

貼り付けのオプションで[埋め込み]を選択すると❶、Excelのワークシートのコピー範囲をそのまま、スライドに埋め込んで貼り付けることができます❷。
こうして貼り付けたワークシートは、セルをダブルクリックして選ぶとリボンがExcelのワークシート編集用のリボンに変化します❸。また計算式が含まれている場合、ワークシート内の数値を変更すると❹、計算結果に反映されます❺。データの変更が予測される場合には、こうして貼り付けておくと後々効率的です。

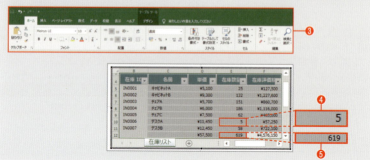

第6章
グラフは推移の強調で魅せる!

推移を視覚化できるグラフは、プレゼンにおいてとてもよく使われる手法です。より効果的に活用するには、「何を強調したいのか」をしっかり定めることがポイントです。グラフの種類や色の工夫で主役となるデータを際立たせるなど、直感的にわかりやすいグラフを作りましょう。

No. 036 棒グラフの最小値は「0」禁止 変化をダイナミックに見せる

棒グラフは数や量の比較や、変化を可視化する場合に活用します。情報を「どう見せたいのか」「何を強調したいのか」にこだわって編集しましょう。数値の変化をダイナミックに見せるには、最小値の変更が効果的です。

"魅せる"法則
- 変化を大きく見せたい時は「最小値」を変えよ！
- 「数値軸を非表示」にすれば変化は強調できる！
- グラフスタイルで魅せ度大幅アップ！

たとえば業績の大きな伸びをグラフで表したい時、既定値のままの棒グラフでは変化が小さく見えてしまうことがあります。これは「0」を最小値としてグラフ化しているためです。数値軸の最小値を変更すると、本来の目的である「変化を大きく見せる」ことができます。なお、図のように最小値を半端な数にした場合、数値軸を消し、グラフ内にデータラベルを表示するとより自然に仕上がります。

Before

通常の棒グラフのままでは、年度ごとに伸びていくことはわかるが、変化は小さく見える

After

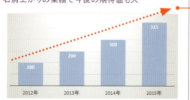

数値軸の最小値を変更すると、伸びが大きく見える。ここでは、数値軸の最小値を260に変更して、グラフ内にデータラベルが表示されるスタイルを選択した

数値軸の最小値を「0」にしないで変化を強調する

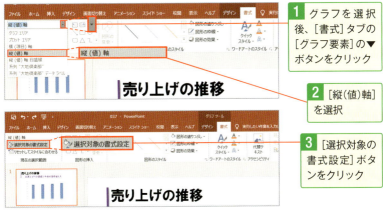

1. グラフを選択後、[書式]タブの[グラフ要素]の▼ボタンをクリック
2. [縦(値)軸]を選択
3. [選択対象の書式設定]ボタンをクリック

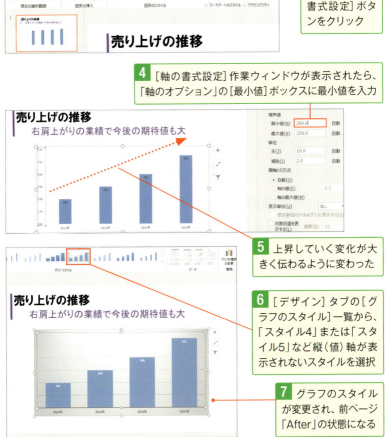

4. [軸の書式設定]作業ウィンドウが表示されたら、「軸のオプション」の[最小値]ボックスに最小値を入力
5. 上昇していく変化が大きく伝わるように変わった
6. [デザイン]タブの[グラフのスタイル]一覧から、「スタイル4」または「スタイル5」など縦(値)軸が表示されないスタイルを選択
7. グラフのスタイルが変更され、前ページ「After」の状態になる

No.037 集合縦棒で主役を強調するには無彩色の引き立て役を作る

系列の数が多い集合縦棒では、見るべき系列がダイレクトに伝わらないことがあります。他と比較しながら特定の系列だけを見せたい場合、主役は彩度を高く、主役以外は無彩色にすることでポイントが際立ちます。

> **"魅せる"法則**
> - 魅せポイントは「彩度の高い色」を付けるべし！
> - 「主役以外を無彩色」にすることで見るべきポイントを明確にすべし！

下の2つのグラフを比べてみると、Afterのグラフの方が、見るべき系列が目に入ってきます。グラフの基本色セット（下図「Before」）では、どこがポイントなのかがよくわかりません。色を変更して、大胆に主役となる系列以外を無彩色の濃淡で表すことで、見ただけで目的が伝わるグラフになります。

Before

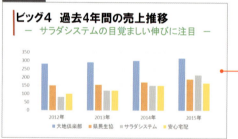

グラフ作成直後は基本色セットで構成されているため、強調したい系列が目立っていない

After

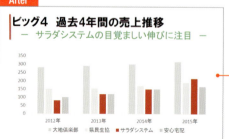

目立たせる系列以外を無彩色の濃淡で表しているため、主役となる系列が明確に分かる

主役は彩度を高く、脇役は無彩色にする

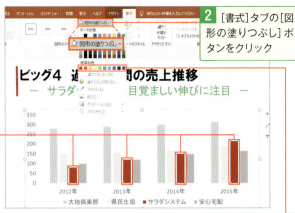

1. 主役として目立たせたい系列を選択
2. [書式]タブの[図形の塗りつぶし]ボタンをクリック
3. 主役として目立たせたい系列は、「標準の色」の彩度の高い色を使うのがお勧め

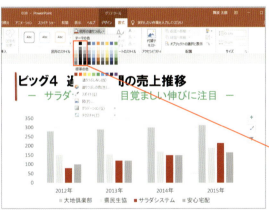

4. 主役以外の系列は、[図形の塗りつぶし]ボタンをクリックして表示される一覧の無彩色の濃淡で色分けをすると、主役が引き立てられる

⊕スキルアップ フキダシを付けてさらにポイントを強化する

グラフでよく見かけるフキダシは、主役となる系列で使用した色を使うことで、統一感が生まれます。また、2枚同じスライドを作成して、1枚目は通常の基本色セットのままのグラフで、2枚目は主役が明らかにしたグラフにすれば、スライドショー時、連続して見せることで、より主役を強調する見せ方ができます。

No.038 塗りつぶし効果で魅せるワザ
テクスチャ、グラデを徹底活用

奇をてらった編集はNGですが、塗りつぶし効果を工夫することで、ひと味違った見せ方ができます。塗りつぶし範囲が広いシンプルなグラフでは特に効果的です。テクスチャやグラデーションを活用しましょう。

"魅せる"法則
- 塗りつぶし効果はシンプルなグラフでこそ活きる！
- カンタンに立体感を出すにはグラデーションが便利！
- テクスチャは濃い色で存在感＆センスアップ！

塗りつぶしには、テクスチャと呼ばれる効果や、グラデーション効果を設定することができます。太い棒グラフなどのスタイルを設定した場合は、塗りつぶし効果を編集することでシンプルでありながらひと味違った見せ方ができます。テクスチャにはさまざまな種類がありますが、テーマに合ったものや色の濃いものを使うと効果的です。

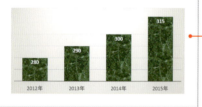

塗りつぶしにテクスチャ効果を設定した例
濃い色を選択することで効果がより映え、洗練されたイメージになる

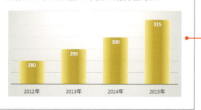

グラデーションを設定した例
シンプルな棒グラフでありながら円柱状に見せる効果がある

テクスチャとグラデーションを設定する

1 グラフ系列を選択　**2** ［書式］タブの［図形の書式設定］ボタンをクリック

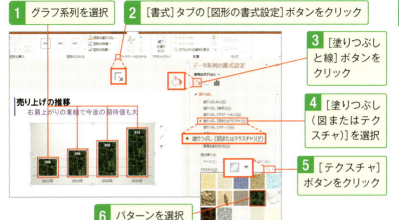

3 ［塗りつぶしと線］ボタンをクリック

4 ［塗りつぶし（図またはテクスチャ）］を選択

5 ［テクスチャ］ボタンをクリック

6 パターンを選択

7 グラデーションの設定は、［塗りつぶし（グラデーション）］を選択

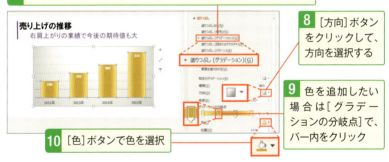

8 ［方向］ボタンをクリックして、方向を選択する

9 色を追加したい場合は［グラデーションの分岐点］で、バー内をクリック

10 ［色］ボタンで色を選択

🔼スキルアップ　グラフスタイルから選択する

グラフスタイルには、あらかじめグラデーション効果が設定されたスタイルが用意されています。詳細な設定をすることなく効果的なデザインに変更したい場合は、グラフスタイルから選択するのが効率的です。［デザイン］タブの［グラフスタイル］で［スタイル9］を選ぶと❶、図のようなグラフになります❷。

第6章　038　テクスチャとグラデーション

No.039 折れ線グラフは線種がキモ！主役は太い実線、脇役は点線

折れ線グラフは時系列で変化や推移を見せる場合に利用しますが、「線」で描かれているため、系列が多いと主役となるデータを探すのも一苦労です。線の色以外も編集することで、主役と脇役のメリハリを付けましょう。

"魅せる"法則
- どの系列に注目させるのかを明らかにすべし！
- 主役は線を太く、色も彩度も上げることで目立つ！
- 脇役は線を細く、点線にすると主役をジャマしない！

折れ線グラフで特定の系列だけを見せたい場合は、線の「太さ」と「線種」の変更が効果的です。主役は太い実線を選び、脇役は細い点線を選びます。このひと手間で「伝わる」グラフに変化します。

Before

折れ線グラフ作成直後は、細い実線で色は基本色パターン
この状態では、見るべき系列は目立っていない

After

過去4年間の売上推移　4年で業界第2位の

注目させたい系列の線を太くして、他の系列は細い点線に設定を変更したサンプル
主役となる系列が目立っている

魅せワザは色・太さ(幅)・線種の変更で

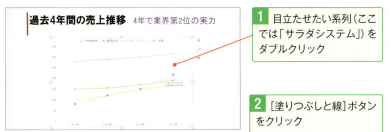

1 目立たせたい系列(ここでは「サラダシステム」)をダブルクリック

2 [塗りつぶしと線]ボタンをクリック

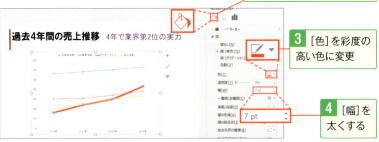

3 [色]を彩度の高い色に変更

4 [幅]を太くする

5 目立たせたくない系列を選択

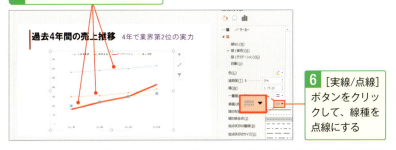

6 [実線/点線]ボタンをクリックして、線種を点線にする

⊕スキルアップ マーカーをなくしてさらにすっきりと見せる

折れ線グラフにマーカーがついている場合は、マーカーを「なし」にすることで、さらに推移をすっきりとシンプルに見せることができます。設定は[データ系列の書式設定]ウィンドウから行います。[塗りつぶしと線]ボタンをクリックして❶、[マーカー]をクリック❷、[なし]を選択しましょう❸。

No.040 凡例はラベル化せよ！どの線が何かすぐわかる

グラフ作成直後は、各系列は「凡例」によって示されます。ただ、プレゼンでは「パッと見て、どれが何を指すのか」を理解してもらうことが大切です。このような時は図形をラベルとして活用すると効果的です。

"魅せる"法則
- 凡例をなくしてフキダシでラベル化せよ！
- ラベルは系列の色と統一してスッキリ見せる！
- データラベルは強調したいところだけでOK！

下のスライドを比較して分かるように、「After」は「各線がどの系列」を指すのかが、図形によるラベル化で一目瞭然です。また、データラベルも「何を最も強調したいのか」を考え、「After」のサンプルのように必要なものだけを残しましょう。

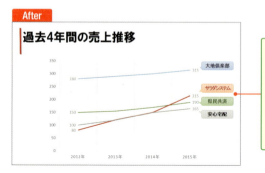

Before

作成した折れ線グラフにスタイルを設定したサンプル
どの線が何を指すのかは凡例を見て確認しなければならない

After

凡例を非表示にして、図形を追加したサンプル
挿入したフキダシは、線と同じ色で統一しているため見やすい。データラベルはスタートとゴールだけ表示している

データラベルの表示・非表示を切り替える

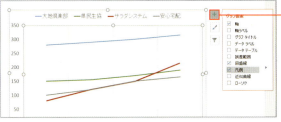

1. グラフを選択し、[グラフ要素]ボタンをクリック

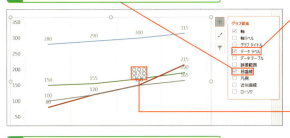

2. [凡例]のチェックを外すと[凡例]が消える

3. [データラベル]にチェックを付けるとラベルが表示される

4. 特定のデータラベルのみ削除するには対象のデータラベルをクリックして[Delete]キーを押す

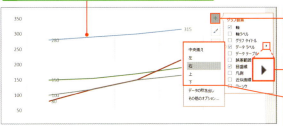

5. ラベルの位置を変更したい系列をクリック

6. [グラフ要素]ボタンをクリック

7. [データラベル]の右側に表示される▶ボタンをクリックして、表示したい位置を選択

8. 図形(吹き出し)を作成し、図形内に各系列名を入力。さらに図形の色を折れ線の色と統一すると分かりやすい

No.041 帯グラフがない…!? 100%積み上げ横棒で代用

全体に対する構成の推移を見せたい場合は、「帯グラフ」を活用するのが一般的ですが、Officeではグラフの種類に「帯グラフ」がありません。このような場合、「100%積み上げ横棒」を編集して帯グラフを利用できます。

"魅せる"法則
- 帯グラフには「100%積み上げ横棒」を使うべし!
- そのままではNG! 帯の幅や区分線を必ず変更!

下の2つのグラフを比べてみると、「Before」は年度ごとにどの系列が最も多いかを見ることはできますが、推移は捉えにくい状態です。一方「After」の帯グラフは、データ量だけではなく、構成比や推移を同時に見せることができる最適なグラフです。PowerPointでは「100%積み上げ横棒」をアレンジして作れます。

Before
集合縦棒では、グラフの意図が伝わりづらい

After
帯グラフを利用したサンプル。各データの推移が分かりやすい。区分線や帯の太さも変更し、元が横棒グラフであるとは思えない仕上がりになっている

グラフの種類を変更・調節して帯グラフ化する

1 グラフを選択して、[デザイン]タブの[グラフの種類の変更]ボタンをクリック

2 [横棒]を選択

3 [100%積み上げ横棒]をクリック

4 [OK]をクリックするとグラフの種類が変わる

5 [デザイン]タブの[グラフ要素を追加]ボタンをクリック

6 [線]を選んで、さらに[区分線]を選択

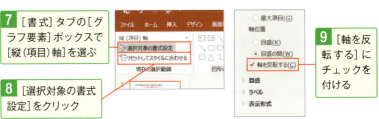

7 [書式]タブの[グラフ要素]ボックスで[縦(項目)軸]を選ぶ

8 [選択対象の書式設定]をクリック

9 [軸を反転する]にチェックを付ける

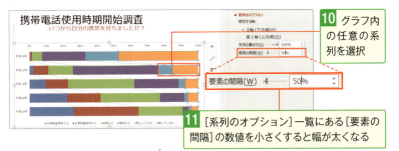

10 グラフ内の任意の系列を選択

11 [系列のオプション]一覧にある[要素の間隔]の数値を小さくすると幅が太くなる

101

No. 042 割合の高さとラベルの使用 円グラフのルールをチェック！

円グラフは全体に対する構成割合を示す場合に、よく利用するグラフです。基本ルールを守り編集を行うことで、より伝わりやすくできます。並べ方とデータラベルの利用は、円グラフのルールとして覚えておきましょう。

> **"魅せる"法則**
> - 円グラフは構成割合の高いものから順に並べるべし！
> - 円グラフこそデータラベルを活用して見やすく！

円グラフを作る際は、構成割合の高いものから時計回りに並ぶようデータを並び替えてから作成します。また、凡例よりもデータラベルを活用すると見やすさがアップします。データラベルは、次ページの要領で細かな設定ができます。

Before

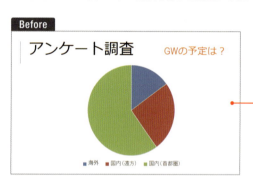

円グラフの基本である構成割合の高いものから順になっていない。また、凡例は表示されているが、どれが何を指すのか理解するのに時間がかかる

After

円グラフ作成の基本ルール（高いものから順に見せる）が守られている。また、データラベルを活用することで、見てすぐに理解できるグラフになっている

ラベルオプションを設定してシンプルに見やすくする

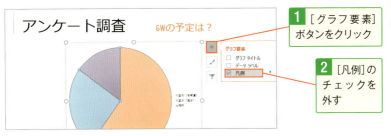

1 [グラフ要素]ボタンをクリック

2 [凡例]のチェックを外す

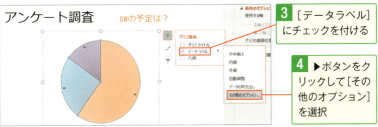

3 [データラベル]にチェックを付ける

4 ▶ボタンをクリックして[その他のオプション]を選択

5 [分類名]と[パーセンテージ]にチェックを付ける

6 [ラベルの位置]から[中央]を選択

> ラベル内の文字も通常のテキストと同じ操作で書式やサイズを設定できます。

↑スキルアップ ドーナツ円グラフは中心部分の余白も活用

ドーナツ円グラフは中心部分に余白が空きます。この余白をそのままにせず、テキストボックスなどを活用することで効果的な魅せ方ができます❶。たとえば全体の総数を入力するなどがよいでしょう。

No. 043 量の変化を面積で強調するテク
面グラフは透明化で"見える化"

データ量の推移を見せるには、「折れ線グラフ」が一般的ですが、量の変化をより強調するには「面グラフ」が効果的です。推移を面積でより直感的に表現できます。重なり部分は「透明化」で見えるようにしましょう。

> **"魅せる"法則**
> ◉ 量の多さの推移を表わすには面グラフが最適！
> ◉「透明化」指定で重なり部分も"見える化"せよ！

「面グラフ」は面積が強調されるため、変化をダイナミックに見せたい場合に活用するのが効果的です。ただし、系列が2つある場合は、重なり部分が見えなくなってしまうため、「透明化」の指定で前後ともに見えるようにします。

Before

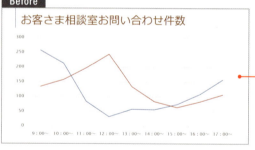

折れ線グラフで表したサンプル
各系列のデータ量の推移をシンプルに見せることができる

After

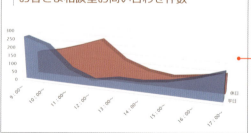

面グラフに変更したサンプル
面積がより強調された。また、重なり部分も透明化の指定で分かりやすくなった

背面との差を見える化するために透明化する

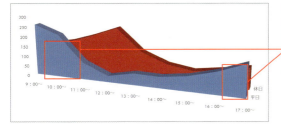

1 3D面グラフに変更した直後。面の重なり合っている部分がよく見えない

2 前面のグラフ系列をダブルクリック

3 [データ系列の書式設定]ウィンドウの[塗りつぶし]で[塗りつぶし(単色)]を選択

4 色ボタンから色を指定

5 [透明度]を変更する

6 背面の系列をダブルクリック

7 「塗りつぶし」から、[塗りつぶし(単色)]を選択

8 [色]ボタンから色を指定

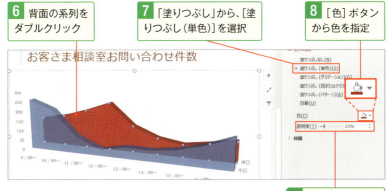

9 [透明度]を変更

No.044 第2軸の活用で魅せる！2つのグラフを複合グラフに

第2軸を活用し、2つのグラフをまとめる「複合グラフ」を使うとバラバラに見せるより目的が伝わりやすくなります。Excel、PowerPointそれぞれで複合グラフを作る方法をマスターしておきましょう。

> **"魅せる"法則**
> - 「使用軸」の変更で、単位が異なるグラフデータを1つにまとめよ！
> - グラフの変更は慣れたExcel側で実行すると便利！

たとえば、本年度の合計値のグラフとともに、前年度の合計に対してアップしたのか否かの達成率も併せてグラフとして見せたい場合は、複合グラフにすることで圧倒的に「伝わる」内容になります。複合グラフの作成に便利なExcelの機能と、PowerPointも使う場合の2つの作り方を押さえておきましょう。

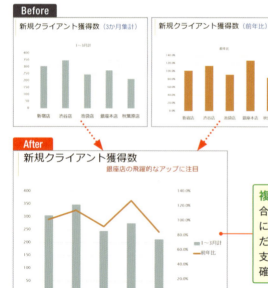

3ヵ月の集計と前年度比を2つのグラフを使って見せたサンプル
シンプルではあるが「だから何が言いたいのか」が伝わってこない

複合グラフにしたサンプル
合計と前年比が1つのグラフになることで、売上高の多寡だけで見るのではなく、どの支店がどう伸びたのかが明確になっている

Excelのおすすめグラフの活用で楽々作成

Excelで複合グラフを作るには[おすすめグラフ]ボタンを活用すると便利です。棒グラフと折れ線などを混在させたグラフを作成する場合は、使用する軸の変更などが必要になりますが、ボタンを利用して自動設定することで簡単に作成できます。

1 グラフとして設定する範囲を選択

2 [挿入]タブの[おすすめグラフ]ボタンをクリック

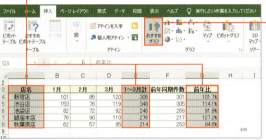

💡 離れている複数の箇所を選択する際は、Ctrlキーを押しながら範囲選択します

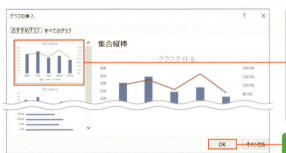

3 [グラフの挿入]ダイアログボックスが表示され、自動的に棒グラフと折れ線を混在させたグラフの完成例が表示される

4 [OK]をクリック

💡 自動作成されたグラフから種類を変更する際は、左側の一覧からおすすめグラフの種類を選択しましょう

5 棒グラフと折れ線グラフを混在させた複合グラフが完成

6 折れ線グラフは異なる単位を用いるため、第2軸を活用

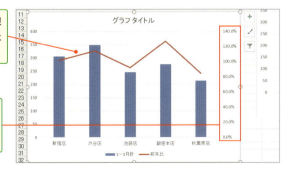

PowerPointでは、「組み合わせグラフ」の選択で!

前ページのExcelでの作成において、棒グラフを選んで作成したあとPowerPointで組み合わせグラフに変更することができます。それぞれの系列ごとにどんなグラフで、どの系列を使うかを簡単な操作で実行できます。

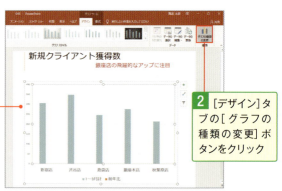

1 Excelで異なる単位の系列を棒グラフで作成したあとPowerPointに貼り付けた。このままでは「前年比」は単位が異なるため、表示されていない

2 [デザイン]タブの[グラフの種類の変更]ボタンをクリック

3 [グラフの種類の変更]ダイアログボックスが表示されたら、一覧から[組み合わせ]を選択

4 種類を変更したい系列の[グラフの種類]で[折れ線]を選択

5 [第2軸]にチェックを付ける

6 [OK]ボタンをクリック。106ページの複合グラフになる

↑スキルアップ 目的に合わせて組み合わせの種類を変更する

複合グラフは「棒」と「折れ線」の組み合わせをよく使いますが、折れ線グラフは、「面」グラフにして面積をより強調した内容に変更してもよいでしょう。上図の該当する系列の[グラフの種類]一覧から目的のグラフ種を選択するだけです❶。

第7章
図形・図解は配置で魅せる!

多くの文字を図形内に入力するというスライドの特性上、図形の使い方はその完成度に大きな影響を与えます。読みやすさを向上させる図形のルール、視線を誘導する手法など、図形の活用テクニックに加え、それらを簡単に実行するための操作のコツを紹介します。

No. 045 シンプルな図形でスッキリ！複雑な図形は絞ってポイントに

第7章 図形・図解は**配置**で魅せる！

スライドで情報を伝える際は、「図形を作成して、図形内に文字入力」は当たり前の操作です。ただし複雑な図形を多用するとスライド全体が煩雑な印象になり、「見やすさ」「読みやすさ」を損なう恐れがあります。

"魅せる"法則
- 複雑な図形の多用はNG！ 意味が伝わりづらい！
- 基本図形（直線、丸、三角、四角）だけでも十分！
- 複雑な図形はポイントで使ってアイキャッチに！

図形の選び方で情報の見やすさは異なります。基本は、丸、四角、三角、線や、それに準じたシンプルな図形を選ぶようにします。シンプルな図形はスライド内に数多く描いても複雑にならず、すっきりと見せることができます。複雑な図形はポイントで効果的に使いましょう。

Before
動きのある複雑な図形を活用したスライド
吹き出しの種類もバラバラで、ポイントがすっきりと伝わってこない

After
シンプルな基本図形を活用したスライド
読みやすく見やすい

基本図形からシンプルな図形を選ぶ

第7章 045 図形の選び方

1. [ホーム]タブの[図形描画]にある[その他]ボタンをクリック

2. 描画できる図形がカテゴリ別に一覧で表示され、描きたい図形を選択できる

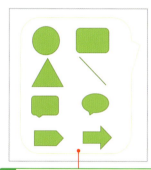

3. シンプルな図形のサンプル。数多く使用しても煩雑にならない

4. 複雑な図形のサンプル。数が多すぎるとスライド全体の印象が複雑で煩雑になりやすい

◎スキルアップ 複雑な図形はポイントで使うと効果的

形状が複雑な図形は、ポイント利用が効果的です。多用は禁物ですが、複雑な図形を用いることでアイキャッチ効果が高まります。彩度の高い色にするなどで、さらに見るべきポイントを明らかにできます❶。

111

No.046 サイズと配置は必ず揃えて！バラバラな図形は「雑」な印象

図形は種類だけでなく、大きさや配置も整えることで統一感が生まれます。「何となく同じ」「何となくそろっている」スライドでは、中途半端な印象を与えてしまいます。

"魅せる"法則
- 「バラバラ」感は、図形サイズと配置に問題アリ！
- 大きさを揃えたい図形は幅と高さを数値で指定せよ！
- 上や左に配置を揃えるとすっきりと見やすくなる！

種類が同じでも図形の大きさが異なる理由は、図形内に入力する文字数で大きさを決めてしまうことにあります。図形内の文字数に左右されることなくサイズを揃えることで、見やすさだけでなく統一感が生まれます。

Before

図形の大きさや配置がバラバラなため、中途半端な印象

After

同レベルの情報が描かれている図形のサイズが同じで、配置も揃っているため、不自然さがなく統一感がある

図形の縦横サイズを数値で指定し揃える

1 複数の図形の高さを揃えるには[Ctrl]キーを押しながらすべてをクリック

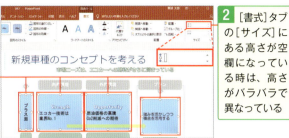

2 [書式]タブの[サイズ]にある高さが空欄になっている時は、高さがバラバラで異なっている

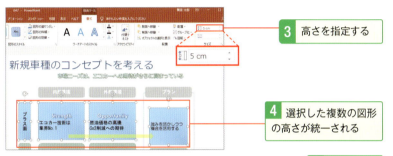

3 高さを指定する

4 選択した複数の図形の高さが統一される

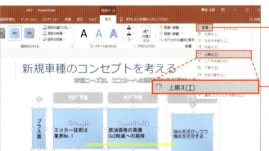

5 [書式]タブの[配置]ボタンをクリック

6 [上揃え]を選択すると上部にある図形に揃えて配置される

⊕スキルアップ メインとなる図形は「幅」「高さ」ともにサイズを統一する

スライドの中で特に重要で、メインとなる複数の図形は❶、「幅」と「高さ」ともにサイズを指定して揃えると統一感が増します❷。

No. 047 アンダーラインは点線がオシャレ
線種や長さでグッとアカ抜ける

直線は、図形の中でもよく使うものですが、スライド内の文字や見出しを強調するためのアクセントとして活用するテクニックがあります。線種や位置を工夫すれば、様々に変化をつけ見せ方を工夫することもできます。

"魅せる"法則
- 文字だけのスライドは、「線」を活用すべし！
- 色、太さ、線種を工夫すればグッとアカ抜ける！
- 「始点」と「終点」の形状を変えると個性的！

文字だけのスライドはシンプルで読みやすいものの、変化に乏しく寂しい印象です。文字にシンプルなアンダーラインを付けてもあまり見栄えはしません。見出しやタイトルなどは、点線をアンダーラインや区切りとして付けるとオシャレにメリハリが生まれます。

Before

文字だけのスライド。シンプルだが見栄えしない。また、見出しにアンダーラインを付けているがあまり効果はない

After

タイトルの下に区切り線を付けたり、見出しにラインを付けたサンプル。文字だけのスライドだが、線のアクセントが効いている

線種をカスタマイズする

[図形の書式設定]ウィンドウでは、線の書式を詳細に指定できます。「色」や「幅」だけではなく、「先端」の形状にも様々な種類があり、矢印以外のものを使うのも効果的です。

1 区切りとして描画した直線を選択

2 [書式]タブの[図形の書式設定]をクリック

3 色や幅を変更

💡 色は彩度の高い色を避け、文字で使用している色と統一すると邪魔になりません。

4 [始点矢印の種類]と[終点矢印の種類]を選択する

5 見出し下の直線を選択

6 線の種類を点線にする

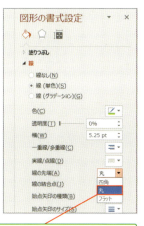

7 [線の先端]の形状を「丸」にすると、点線の形状が丸に変わる

No.048 「視線の誘導」が重要！矢印、三角形などを使いこなせ

プロセスの図解では、「矢印」などの視線を誘導する図形の活用は欠かせません。ただし、種類によっては上手く効果を発揮できなかったり、入れすぎることで雑然としたイメージになりやすいので注意しましょう。

- シンプルな矢印を効果的に使うべし！
- 三角形を回転させるとシャレた矢印として使える！

矢印は視線を誘導する図形として便利ですが、できるだけシンプルな形状のものを選ぶようにします。また、矢印以外の三角形などは回転することで視線を誘導する図形として活用できます。

回転ボタンで「三角形」を「矢印」に変身させる

1 三角形を描き、図形をクリック

2 [書式]タブの[回転]ボタンをクリック

3 一覧から[右へ90度回転]を選択

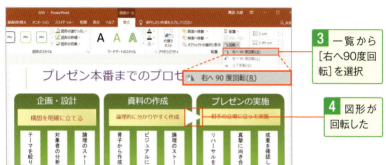

4 図形が回転した

⊕スキルアップ 円周上の矢印配置は角度を指定して回転する

たとえば、円周上に図形を配置して、ぐるりと円を描くように矢印を配置したい時は、はじめに描いた矢印をコピーしたあと、角度を指定します。環状矢印を描きコピーしたら、2つ目の矢印を選択❶。上図の[回転ボタン]をクリックして[その他の回転オプション]を選択し、[回転]を90度にします❷。同じ要領で3つ目を180度❸、4つ目を270度に設定しましょう❹。

No. 049 複雑な図解はグルーピング必須 細くするか線なしでスッキリ

1枚のスライド内の情報が多い時、どこからどう見るのかが分からない資料になってしまうことがあります。このような場合は「四角形」で囲んでまとまりを明確にすることですっきりと見せることができます。

"魅せる"法則

- グルーピングはスライドになじむ「四角形」で囲む！
- 四角形の枠線を細くするか、線なしですっきり見せる！
- モノクロなら塗りつぶしなしで細い枠線だけでOK！

PowerPointでは情報が自由に配置できるため、作成者自身は情報を整理したつもりでも、読む側から見ると「情報が多すぎて分からない」資料になりがちです。「四角形」を活用すると、まとまりが明確になり、スライド全体の情報が整理されて見えます。

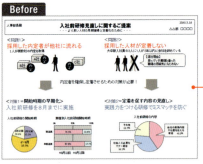

情報が点在しており、何をどこから見るのかが掴みづらい

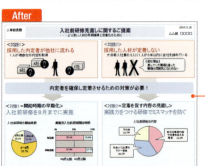

情報が四角形でグルーピングされ、まとまりが明確になり見やすくなった

「枠線」を細くするか「線なし」を選ぶ

1 編集したい四角形を選択

2 [ホーム]タブの[図形の枠線]ボタンをクリック

3 一覧から、[線なし]を選択

4 塗りつぶしのみになる

5 枠線の太さを細くするには、図形を選択し、[図形の枠線]ボタンをクリック

6 一覧から[太さ]を選択して、細い線種を選ぶ

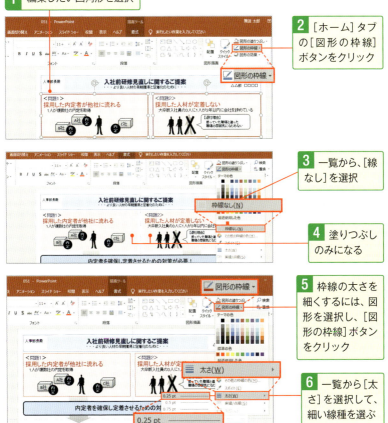

⊕スキルアップ さらにすっきり見せたい時は塗りつぶしをなくす手もあり

四角形を描く際、情報をグルーピングする目的だけならば、塗りつぶしをなくして細い枠線のみでも十分です❶。[図形の塗りつぶし]ボタンから[塗りつぶしなし]を選択しましょう。

049 四角を活用したグルーピング

No. 050 時系列にはグラデーションが◎ 方向付けや立体感の演出に

描いた図形に変化を付けたり立体感を出したい場合に、グラデーション効果を設定します。対称グラデーションの図形を組み合わせてオリジナルの立体にするなど、方向を工夫することで、様々なアレンジができます。

"魅せる"法則
- グラデーションは時系列のプロセスに効果アリ!
- 段階やステップを表すのにピッタリ!
- 対称グラデーションでオリジナル立体作成!

グラデーションはむやみに設定しすぎると効果が半減しますが、効果的に活用するとスライドに変化が付きます。立体感を出したり、時系列のプロセスで見せたい場合に利用するのがおすすめです。あらかじめ用意されているパターンはワンクリックで選択できます。さらに詳細な指定も可能です(次ページ 5 ～ 7)。

Before
内定後から入社1年目の教育体制

グラデーションを設定していないサンプル。平面的なイメージ

After
内定後から入社1年目の教育体制

反対方向からグラデーションを設定した図形を2つ重ね合わせると、立体的なボタンのようなイメージになる

背景の大きな矢印にグラデーションを設定し、上に重ねた3つの円の色を段階的に変更している

グラフの種類を変更・調節して帯グラフ化する

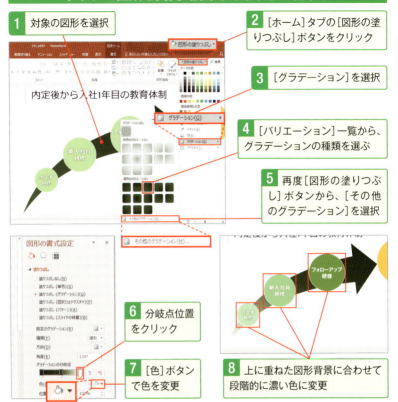

1. 対象の図形を選択
2. [ホーム]タブの[図形の塗りつぶし]ボタンをクリック
3. [グラデーション]を選択
4. [バリエーション]一覧から、グラデーションの種類を選ぶ
5. 再度[図形の塗りつぶし]ボタンから、[その他のグラデーション]を選択
6. 分岐点位置をクリック
7. [色]ボタンで色を変更
8. 上に重ねた図形背景に合わせて段階的に濃い色に変更

⊕スキルアップ 対称グラデーションの図形を合体させる

グラデーションの裏ワザとして2つの図形がそれぞれ対称になるようにグラデーションを設定し、重ね合わせることで立体的なボタンのように仕上げることができます。まずは大きさの異なる2つの図形を描き、それぞれの図形に対称になるようグラデーションを設定します
❶。両方の図形を選択し、[配置]ボタンで[左右中央揃え]を選択。さらに[上下中央揃え]を選ぶと、立体的なボタンのような図形（前ページ「After」の状態）になります。

121

No. 051 箇条書きは地味じゃない！SmartArtで印象的に魅せる

箇条書きはそのままでは、インパクトに欠けさみしい印象を与えてしまいます。PowerPointでは、箇条書きをSmartArtに変換する機能があります。この機能を使うことで、「ただの箇条書き」が印象的になります。

"魅せる"法則
- 箇条書きを「SmartArtに変換」するだけで印象的になる！
- カテゴリは「リスト」一覧から選ぶべし！

スライド上の「コンテンツ」プレースホルダ内に箇条書きを入力したあと、手っ取り早く編集してインパクトを出したい時は、「SmartArtへの変換」がオススメです。箇条書きのレベルも反映され、情報の主従関係もより明確になります。デザイン性も非常に高いので積極的に利用しましょう。

Before

箇条書きを入力したあと、フォントの編集をしたサンプル
シンプルだがメリハリに欠ける

After

箇条書きをSmartArtに変換したサンプル
柱となる箇条書きにインパクトがあり、見やすく読みやすい

箇条書きをSmartArtに変換する

1 箇条書きを入力したあと、プレースホルダを選択

2 [ホーム]タブの[SmartArtに変換]をクリック

3 [その他のSmartArtグラフィック]を選択

💡 使いたいSmartArtがあるときは、図の一覧で直接クリックしてもOKです。

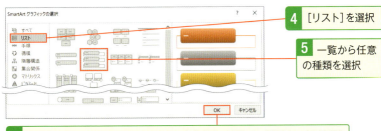

4 [リスト]を選択

5 一覧から任意の種類を選択

6 [OK]をクリックするとSmartArtに変換される(前ページ「After」の状態)

⬆スキルアップ 元の箇条書きに戻すこともできる

SmartArtに変換したあと、元の箇条書きに戻す操作も簡単です。SmartArtを選択し、[デザイン]タブの[変換]ボタンをクリックして❶、[テキストに変換]を選択するだけで戻せます。

No. 052 プロセスやステップの図解に！SmartArtの役立ち編集テク

プロセスやステップは、図解の中でも使用頻度の高いものです。SmartArtを活用して効率よく作成しましょう。作成直後は3つのステップしかありませんが、図形は増減でき、数に応じて自動でサイズが変わります。

"魅せる"法則
- プロセスやステップは、SmartArtの「手順」を使うべし！
- ステップの数に合わせて図形を増やす・減らす操作をマスターせよ！

SmartArtの「手順」を使えばシンプルなものから複雑なものまで様々な図解を作成することができます。また、図形を追加したり、2つのSmartArtを組み合わせたりすることでオリジナルの図解パターンを作成できます。

プロセスやステップの図解は「手順」から選択する

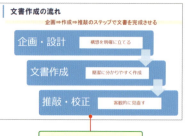

「段違いステップ」使ったサンプル
図形を追加して補足説明を入れている

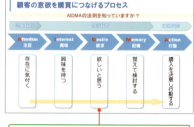

「開始点強調型プロセス」と「プロセス」を組み合わせたサンプル
図形も追加しプロセスを分かりやすく伝えている

図形の追加で自由自在にカスタマイズする

1 SmartArt内の図形を選択

2 [デザイン]タブの[図形の追加]ボタンの▼をクリック

3 [後に図形を追加]を選択

4 図形が追加される

⬆スキルアップ 図形単体の大きさを変更してカスタマイズする

SmartArtの「手順」は、作成領域内で同じ大きさの図形を複数配置する仕組みのものが多くあります。特定の図形の大きさだけを変更することで、期間の長さを表すなどカスタマイズすることもできます。対象の図形を選択し、表示されるサイズ変更ハンドルをドラッグしましょう❶。なお、1つの図形を大きくすると、その他の図形は自動的に縮小されます❷。

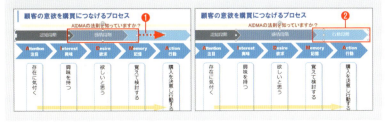

No.053 ロジックツリーも簡単にできる 左から右へ展開すればスムーズ

「ロジックツリー」とは、思考のプロセスや階層を、ひと目で分かるように伝える図解手法です。論理的思考に基づいた分析を伝える場合などに利用します。SmartArtを使えば、作成、カスタマイズも簡単です。

"魅せる"法則
- ロジックツリー作成は「階層構造」を使うのがベスト！
- 「右から左へ展開する階層」を描くものが多数用意！
- 複雑な階層構造も[図形の追加]ですぐに作成！

SmartArtの「階層構造」には、ロジックツリーなどの図解で用いる「左から右へ展開する階層」を描くものが用意されています。デザインも複数あり、階層の枝分かれなども簡単な操作で編集できます。

「階層構造」の「複数レベル対応の横方向階層」を使用

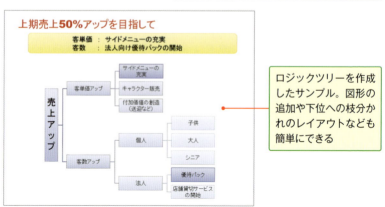

ロジックツリーを作成したサンプル。図形の追加や下位への枝分かれのレイアウトなども簡単にできる

図形の追加で自由自在にカスタマイズする

053 SmartArtの「階層構造」

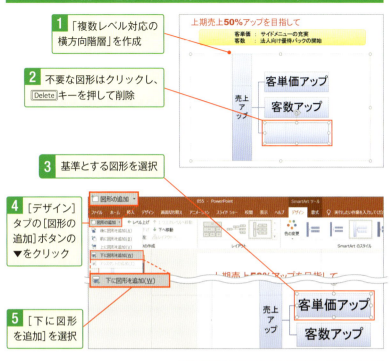

1 「複数レベル対応の横方向階層」を作成

2 不要な図形はクリックし、Deleteキーを押して削除

3 基準とする図形を選択

4 [デザイン]タブの[図形の追加]ボタンの▼をクリック

5 [下に図形を追加]を選択

6 選択した図形の下位に図形が追加される

7 さらに[図形の追加]ボタンの▼をクリック

8 [後に図形を追加]を選択

9 同じ階層に図形が追加

💡 図形をつなぐコネクタは図形の増減により自動的に変化します。

No.054 ピラミッドストラクチャーで情報を深掘りして魅せる

「ピラミッドストラクチャー」は、課題解決などを説明する過程でよく使われるツールです。縦書きにしても読みやすいため、文字数が多い場合に向いています。レイアウトの変更ワザを使うと、グッと読みやすくなります。

"魅せる"法則

- 課題解決をひと目で表したい時に使う！
- レイアウト変更で見やすさ、読みやすさを追求せよ！
- 文字数が多い場合は縦書きの活用がベスト！

ピラミッドストラクチャーは、底辺となる階層の図形が多くなるため、入力した文字数によっては、読みづらくなる場合があります。このような場合は、図形の形状を変更したり文字方向を変更したりすることで、見やすく読みやすい図解になります。

底辺の階層の図形が多く、文字数も多いため読みづらくなっている

図形を縦長に変更し、文字の方向を変更することで、見た目がすっきりとして読みやすくなった

レイアウトの変更ワザを使って見やすくする

SmartArtの階層構造からピラミッド型の種類を選んで作成した場合は、下位の階層の分岐レイアウトを変更することができます。さらに、図形の形状を変更すれば、図形内の文字列のバランスもよくなり読みやすくなります。

1 2階層目より下位のレイアウト変更をするには、2階層目の図形をすべて選択（Shiftキーを押しながら図形をクリック）

2 [デザイン]タブの[レイアウト]クリック

3 [標準]を選択

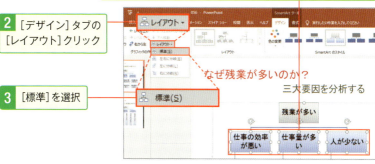

4 分岐の仕方が変更された

5 最下層の図形をすべて選択

6 [ホーム]タブの[文字列の方向]をクリック

7 [縦書き]を選択

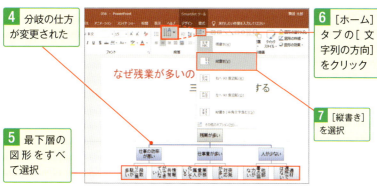

8 サイズ変更ハンドルを縦長になるようにドラッグ。前ページAfterの状態にする

No.055 キーワードはできるだけ短く！概念が「伝わる」図解のコツ

概要や理論、コンセプト等を説明する図解では、できるだけ短く要約したキーワードをピックアップして使用することが大切です。また、図解はレイアウト変更を行い、より目的に近いものを選ぶことも重要です。

"魅せる"法則
- キーワードはできるだけ短くすべし！文章はNG！
- すべてのレイアウト変更を試してイメージを近づけよ！

図解では使用する文字列が的確なキーワードになっているほど、読み手の理解や納得感が得られます。文章を避け、要約したキーワードを使ったSmartArt作成を心掛けましょう。なお、同じキーワードを使っても次ページのようにレイアウトによって印象が大きく変わります。いくつかのレイアウトをチェックして、最適なものを選びましょう

Before

消費者意識の変容
消費者意識は「価格志向」から「安全志向」へ

- きっかけは食品偽装や異物混入事件
- 情報開示を求める声が高まる
- ナチュラル思考の定着化

価格志向 / 安全志向
（安くてどっさり入っている／安ければ安いほどよい／国産のものを食べたい／農薬をなるべく使っていない／添加物が少ない）

> せっかく「集合関係」の図解を使っても、図形内の文字列が多すぎると、読みづらく理解にも時間がかかる

After

消費者意識の変容
消費者意識は「価格志向」から「安全志向」へ

- きっかけは食品偽装や異物混入事件
- 情報開示を求める声が高まる
- ナチュラル思考の定着化

価格志向 / 安全志向
（質より量／低価格／産地重視／低農薬／無添加）

> 「集合関係」では図形内の文字列をキーワード化することですっきりと見やすく、理解もしやすい

レイアウトを変更してよりイメージに近づける

1 対象のSmartArtを選択

2 [デザイン]タブの[レイアウト]にある[その他]ボタンをクリック

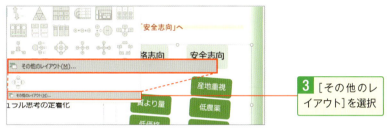

3 [その他のレイアウト]を選択

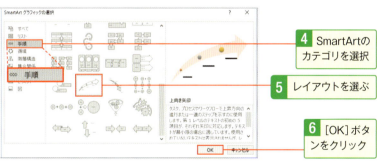

4 SmartArtのカテゴリを選択

5 レイアウトを選ぶ

6 [OK]ボタンをクリック

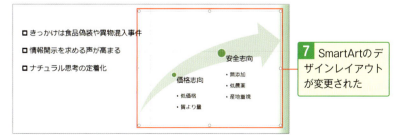

7 SmartArtのデザインレイアウトが変更された

No.056 SmartArtが自由自在！「図形に変換」でバラして編集

SmartArtに慣れると、「もう少しココをこうしたい」などの欲が出てきます。SmartArtの究極のカスタマイズは、図形をバラにして位置、形状、大きさなどを変更することです。「図形に変換」機能を使いましょう。

"魅せる"法則
- SmartArtは「図形に変換」でバラしてカスタマイズ！
- 「グループ解除」しないと個別の図形の編集ができないことに注意！

SmartArtで作成した図解は、そのままでも十分ですが、ほんの少しの変更で見違えるほど見栄えが変わります。オリジナルの図解作成は「図形に変換」することで簡単に行えます。

Before

SmartArtの「手順」カテゴリで作成した図解。このままでもよいがもう少しインパクトが欲しいところ

After

SmartArtを「図形に変換」して矢印の形状や、情報の配置を変更した。オリジナリティがあるだけでなく、よりイメージが伝わりやすくなった

図形に変換し、グループ解除する

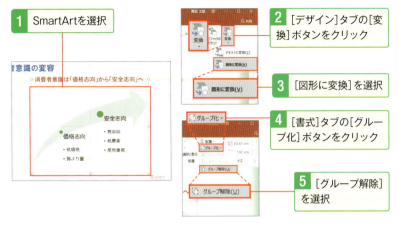

1. SmartArtを選択
2. [デザイン]タブの[変換]ボタンをクリック
3. [図形に変換]を選択
4. [書式]タブの[グループ化]ボタンをクリック
5. [グループ解除]を選択

6. 図形がバラになった
7. 図形を個別に選択して、形状を変更したり、配置を変更して編集する

🔺スキルアップ ちょっとした変更で使えるパターンに早変わり

全体的なデザインは気に入っているのに、細かな点が足かせとなって使えないSmartArtがあります。たとえば左下図は、「循環マトリックス」を使用した図解ですが、中央の回転する矢印の形状が内容から少しずれています❶。「図形に変換」して矢印の形状を修正すると、より意味が伝わる図解になります❷。

No. 057 スライド間を自由に行き来する 動作設定ボタンを使いこなす！

最初のスライドにメニューを作り、個々のスライドとメニュースライドを自由に行き来できる仕組みを作っておくと、スムーズにプレゼンできます。画像へのハイパーリンク設定や動作設定ボタンを使いましょう。

"魅せる"法則

- 全体を見るスライドから各詳細スライドへジャンプする仕組みを作る！
- 動作設定ボタンと図形へのハイパーリンクを使う！

スライド作成では、伝えたい内容の全体のポイントを見せた後、各ポイントの詳細説明を行う場合があります。このような場合にメニューの役割を果たす全体説明スライドと、詳細スライドを行き来できる仕組みを作っておくと、スライドショー時に余計な操作をする必要がなくなります。

1 この図形をクリックすると、詳細スライドにジャンプ

2 動作設定ボタンをクリックすると、全体のスライドにジャンプ

動作設定ボタンは邪魔にならない位置に作成する

詳細のスライド内に全体のスライドへ戻る用の「動作環境ボタン」を設置します。邪魔にならない位置に小さく作りましょう。なお、図では最初のスライドに戻る設定にしていますが、ハイパーリンク先は自由に指定できます。

1 [ホーム]タブの[図形描画]の[その他]ボタンをクリック

💡 動作設定ボタンの一覧でポインタを合わせると、ハイパーリンク先が確認できます。用途に合うものを選ぶと作業が効率的です。

2 「動作設定ボタン」の一覧から任意の図形種を選ぶ

3 ドラッグでボタンを描く

4 [オブジェクトの動作設定]ダイアログボックスが表示される

5 [ハイパーリンク]先を指定

6 [OK]をクリック

図形にハイパーリンクを設定する

動作設定ボタンを作成しなくても、作成済みの図形にハイパーリンクを設定し、特定のスライドへジャンプする仕組みを作ることができます。

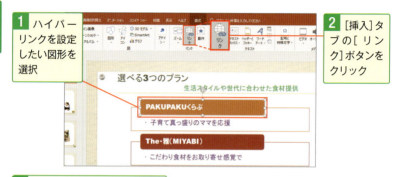

1. ハイパーリンクを設定したい図形を選択
2. [挿入]タブの[リンク]ボタンをクリック

3. [このドキュメント内]を選択
4. ジャンプ先のスライドタイトルを選択
5. プレビューを確認
6. [OK]ボタンをクリック

◆スキルアップ スライドショーで確認しよう

リンクを設定したあとは、スライドショーを実行して動作確認をしてみましょう。図の例では、図形をクリックすると❶、該当するスライドが表示され❷、動作設定ボタンをクリックすると元のスライドに戻ります❸。

第8章
写真・イラストは調和で魅せる！

直感的にイメージが伝えられるイラストや写真は、スライドの視覚化には欠かせないアイテムですが、使い方によっては十分な効果が得られないことも。どのような選び方をすべきかの基本ルールから、邪魔にならず、印象をアップするためのテクニックを押さえておきましょう。

No. 058 イラストは入れすぎ注意！雰囲気を揃え、点数を絞るべし

一瞬でイメージを伝えられるイラストは視覚化には欠かせませんが、何でも入れればいいというわけではありません。効果的なイラストだけを挿入するのがコツです。また、著作権を侵害しないよう注意も必要です。

"魅せる"法則
- イラストを入れすぎず、内容と関連するものに絞る！
- 写真とイラストを混在させるのはNG！
- 著作権には注意！ロイヤリティフリーのイラストを使う

イラストを入れるとイメージを醸成できるため、余白があれば多く入れがちです。ただ、むやみにイラストを入れすぎると煩雑な印象を与えてしまいます。注意したいのは、雰囲気を揃えること、点数を絞ることです。

イラストの数が多すぎる。また、雰囲気がそろっていないため、ちぐはぐな印象

内容に合ったイラストが挿入されており、点数も絞られているため、イラストがイメージ化にひと役かっている

ロイヤリティフリーのイラストを検索する

イラストを利用する際に注意したいのは、著作権の問題です。たとえ自社内のみで使用する文書であっても「ロイヤリティフリー」のイラストや写真を使うことをお勧めします。また、ロイヤリティフリーのイラストや写真を提供するWebサイトでは、「著作権に関するルール」をしっかり読んで利用しましょう。

1 「いらすとや」
https://www.irasutoya.com/
ほのぼのとしたかわいいイラストを扱うサイト

2 「シルエットAC」
https://www.silhouette-ac.com/
シルエット素材専門のサイト

3 「pro foto」
https://pro.foto.ne.jp/
プロが撮影した写真素材を扱うサイト

●スキルアップ 購入できる素材集を活用するのも手

ロイヤリティフリーのイラスト(素材)には有料の素材集として販売されているものがあります。ビジネスなどに特化したイラストを多く活用したい場合は、素材集を購入するのも手です。

No.059 人物イラストはタッチに注意！ビジネス向けは頭が小さいものを

ビジネス向けのスライドを作成する際は、イラストが文書の雰囲気や品格を損なわないように注意しましょう。特に人物イラストを挿入する際は、くだけた雰囲気のものを選ぶと与えるイメージに影響を及ぼします。

"魅せる"法則
- ビジネス向けスライドで漫画っぽいイラストはNG！
- スライドの「読み手」を意識してイラスト選びを！
- 特に人物には要注意！ 顔や頭の大きさ、表情をチェック！

下の2つのスライドを比較すると、人物イラストの雰囲気が異なるため全体の印象がまったく異なっています。「Before」のように漫画に近いくだけた雰囲気のものは、若手受けはするものの「軽い」印象を与えやすい恐れがあります。「誰」に対して作成しているのか、どのような「目的」の文書なのかを意識してイラスト選びをしましょう。

Before

シンプルでポップな人物イラスト。若手受けはするが、読み手によっては「くだけすぎている」という印象も持たれやすい

After

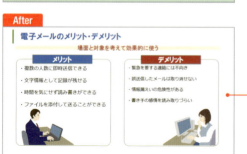

ビジネス利用で無難な人物イラスト。特徴はないが、万人受けする

顔の表情や頭の大きさで印象が変わる

人物イラストの挿入時、くだけているかどうか判断しかねるときは、「頭の大きさ」「顔の表情」を基準にするとわかりやすいでしょう。また、顔の表情をあえてなくしたイラストも、活用しやすく文書の雰囲気を損ないません。

1 コミカルでポップな印象の人物イラストは頭のサイズが大きいものが多い。楽しい雰囲気や対象者が若手などの場合に活用するのがおすすめ

2 ビジネスライクで真面目な雰囲気の人物イラストは頭のサイズが小さいものが多い。ビジネス感を損なわず、上位者受けする文書で活用するのがおすすめ

3 顔の表情がないイラストやシルエットのイラストは、「楽しい、悲しい、怒る」などの表情に左右されないため、色々な場面で活用できるメリットがある

No.060 イラスト同士の組み合わせは透明化で背景となじませるべし

イラストファイルは四角のため、スライドに貼り付けた際に余白が邪魔になることがあります。「透明色」を指定して背景を透明にすると、別のイラストや図形と重ねても不自然になりません。

"魅せる"法則	⊙ イラスト同士の組み合わせに邪魔な余白は「透明」に! ⊙ 背景に色の図形を置く場合にも透明化は必須! ⊙ 左右の向きが逆のイラストは向きを変えて使える!

人物やモノのイラストには、元々（白色などの）余白が存在します。このままで他のイラストと組み合わせると、四角い余白がジャマしてうまくいきません。「透明色」を指定すると、背景が削除され、うまく組み合わせられます。

人物や時計、パソコンのイラストにはもともと余白が存在しているが、「透明色」の指定で背景の図形やイラストとなじみ違和感がない

余白部分に透明色を指定する

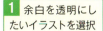
1 余白を透明にしたいイラストを選択

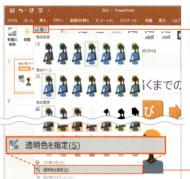
2 [書式]タブの[色]ボタンをクリック

3 [透明色を指定]を選択

第8章 060 「透明色」の指定

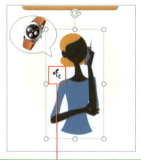
4 マウスポインターをイラスト内の余白に合わせてクリック

5 余白が透明になり、背景にある図形が見えた

◆スキルアップ 左右反対向きにして組み合わせる

イラストを活用する際の編集ワザとして覚えておきたいものに、「回転」があります。中でも「上下反転」や「左右反転」に変更することでイラスト同士を効果的に組み合わせることができます。例えば[書式]タブの[回転]ボタンから❶、[左右反転]を選択すると❷、図のように人の向きが変えられます❸。

143

No. 061 「禁止」「丸印」マークを使った オリジナル絵記号が便利

たとえばピクトグラムのように、絵記号を作成してスライド内に挿入すると、伝えたいメッセージをシンプルに伝えることができます。スライドの雰囲気をジャマしない、非常に使い勝手のいいビジュアルとなります。

> "魅せる"法則
> - シンプルな絵記号は2色使いで作成するのがコツ!
> - 図形とシンプルなイラストの組み合わせでピクトグラム化もできる!

基本図形には「禁止」のマークや丸印など、情報や注意を伝える際に利用できるパターンがあります。このような図形と平面的でシンプルなイラストを組み合わせると、オリジナルの絵記号が作れます。スライド内に挿入すると、統一感が出るだけでなく記号だけで情報の意味が分かるため長々とした説明が不要になります。なお、図形とイラストを絵記号にする際は、「グループ化」しておきます。いったんグループ化すれば、コピーや拡大・縮小が簡単に操作できます。

基本図形の「禁止」とシンプルなイラストを組み合わせて絵記号を作成したサンプル。絵記号を見ただけで意味することが分かる

第8章 写真・イラストは調和で魅せる!

図形とイラストをグループ化して絵記号にする

1 図形とイラストの2つのオブジェクトを選択

2 ［書式］タブの［グループ化］をクリック

3 ［グループ化］を選択

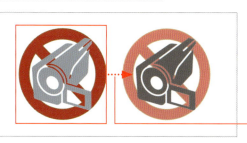

4 グループ化で作成された絵記号を選択して、Ctrlキーを押しながらドラッグすると、簡単にコピーできる

5 サイズ調整ハンドルをドラッグすると、拡大や縮小もできる

◎スキルアップ リアリティのあるイラストは使わない

ピクトグラムのような絵記号を作成したい時は、使用するイラストはできるだけシンプルなものを選択し、リアリティのあるものは選ばないようにします。絵記号作成では、パッと見て何を指すのかが明確なものを選ぶことがポイントです。例えば図の場合、左のイラストの方が適しています。

No. 062 ビフォア、古さ、危機感も無彩色やワントーンで表現!

ビフォアとアフターのイメージを伝える際によく利用するのが、ビフォアの画像を無彩色にする手法です。対比効果でアフターのイメージがよりインパクトを持って伝わります。また「古さ」や「危機感」を表すのにも便利です。

> **"魅せる"法則**
> - ビフォアとアフターでは、ビフォア画像を無彩色に!
> - 写真を無彩色にすると「古さ」や「危機感」が伝わる!
> - 文字の背景にするならワントーンカラーが読みやすい

サンプルスライドを見てみると、同じ写真を使って無彩色のものと本来の写真を並べるだけで、対比効果が明確になり、カラー写真がより際立って見えるという効果が生まれます。

2つの写真を配置して、片方を「セピア」に指定している。一見すると同じ写真には見えないだけでなく、本来の色で表されている画像がより際立って美しく見える

写真をグレースケールやセピアカラーに変更する

1 画像を選択

2 [書式]タブの[色]ボタンをクリック

3 [色の変更]一覧から、[セピア]をポイント

4 プレビューでイメージを確認後、クリックすると、写真をセピアカラーに変更できる

第8章 062 無彩色の活用

◆スキルアップ 色の濃淡でワントーンカラーにする

写真に文字を重ねると読みづらい箇所があります❶。そんなときは使用する色の濃淡でワントーンのカラーに変更すると、読みやすくなります❷。画像を選択し、[色]ボタンの[色の変更一覧]にあるワントーンカラーを選択しましょう。

No. 063 写真は図形でトリミング！断然プロっぽい仕上がりに

写真を図形に合わせてトリミングすると、ひと味違った見せ方をすることができます。四角形で入れるより、格段にプロっぽい仕上がりになります。あまり複雑な図形は使わずシンプルなものを選ぶのがおすすめです。

> **"魅せる"法則**
> - 画像を図形でトリミングするとプロっぽい仕上がり！
> - 画像内の特定の対象だけをトリミングすることも可能！
> - 複雑なものよりシンプルな図形でトリミングするべし！

トリミングは画像上の必要な箇所を残して上下左右をカットする場合に用いますが、図形の形状にトリミングする機能もあります。ありきたりな写真がトリミング技1つでプロっぽい仕上げになります。スライド内の複数の画像に対してトリミングを行う場合は、できるだけ同じ種類の図形を選ぶと統一感が出てスッキリと見えます。

写真画像を挿入したサンプル。シンプルだがありきたりな印象

挿入した写真画像を「涙型」図形でトリミングした例。変化が生まれアクセントになっている

「図形に合わせてトリミング」から図形を選ぶ

1 画像を選択

2 [書式]タブの[トリミング]ボタンの▼をクリック

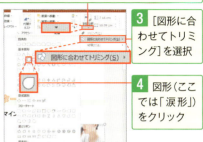

3 [図形に合わせてトリミング]を選択

4 図形（ここでは「涙形」）をクリック

5 画像が図形のカタチでトリミングされる

💡 左右反転させた画像を図形でトリミングした場合、左右反転された状態になります。前ページ「After」の涙型図形が、反転した状態になっているのはそのためです。

🔼 スキルアップ　切り抜く範囲、大きさ、形状も変更できる

図形に合わせてトリミングをしたあと、さらにトリミングを実行すると切り抜く範囲や大きさ、形状を変更できます。写真の一部分だけを利用したい場合に行うとよいでしょう。たとえば図は、[円/楕円]で切り取った後❶、[書式]タブの[トリミング]ボタンをクリック❷。四隅に表示される変更ハンドルで表示範囲を狭め❸、ドラッグで位置を調節した状態です❹。指定後、画像以外の場所をクリックすれば操作は完了です❺。

063　図形に合わせてトリミング

No. 064 画像編集ソフト不要！ワンランク上の切り抜きテク

写真画像を対象の輪郭線に合わせてトリミングし、背景を削除する機能があります。写真内の対象だけを違和感なくスライドに配置できる便利な機能です。画像編集ソフトがなくても、PowerPointだけあればOKです。

> **"魅せる"法則**
> - 輪郭でキレイにトリミングすると背景になじむ！
> - ［背景の削除］機能は背景とのコントラストがはっきりしている写真で効果を発揮！

トリミングは矩形や特定の図形種で行う操作が一般的ですが、［背景の削除］を使うと対象物だけをトリミングして背景をカットすることができます。背景の色となじませたり、他のオブジェクトと重ね合わせたりする場合などに効果的です。

写真画像の中で対象となる花だけを残し、背景を削除したサンプル。写真なのに背景に違和感なく溶け込んでいる

［背景の削除］で対象を微調整する

1 画像を選択

2 ［書式］タブの［背景の削除］ボタンをクリック

3 削除する領域が自動認識され、紫で表示されたが、削除したくない部分も含まれている

4 ［背景の削除］タブの［保持する領域としてマーク］をクリック

5 削除したくない辺りをドラッグして削除領域から除外

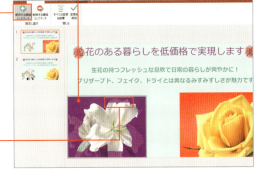

6 保持する対象が決定したら、画像以外の箇所をクリック

7 背景が削除され、前ページ図（左側写真）の状態になる

No. 065 選ぶだけでラクラク印象超UP! フレーム付きスタイルを使う

「図のスタイル」は、回転やフレームなどの効果で、写真を印象的に魅せるのに重宝します。フレームはスライドの内容によって調節できますが、特に理由がなければ白が無難なことは押さえておくべきポイントです。

"魅せる"法則
- フレーム付きのスタイルを選ぶだけで魅せ度アップ!
- フレームの色の変更もできる! ただし特に理由がなければ白が無難!

写真をそのまま挿入するだけでは味気なさを感じることがあります。このような場合は、フレーム付きスタイルを選ぶだけで、平面的な写真に変化が生まれ印象的な見せ方ができます。フレームの付け方、太さや色の変更方法をマスターしておきましょう。

スライドに貼り付けた写真に「図のスタイル」一覧から「フレーム付き」のスタイルを設定したサンプル。アルバムに写真を貼り付けたように印象的に見せることができる

箇条書きをSmartArtに変換する

1 画像を選択

2 [書式]タブの[図のスタイル]でフレーム付きのスタイルを選択

💡 [図のスタイル]の[その他]ボタンをクリックすると、より多くのスタイルから選択できます。

第8章
065
図のスタイル

3 フレームの幅を変更するには、[図の枠線]ボタンをクリック

4 [太さ]を選択し、フレームの幅を選ぶ

5 任意の幅に設定したい場合は、[その他の線]を選択

6 [図の書式設定]ウィンドウの「幅」で指定する

⬆スキルアップ フレームの色で変化を付ける

フレームは幅の変更だけでなく、色を設定することもできます。フレームを設定した画像を選択し、[書式]タブの[図の枠線]ボタンから❶、色を選びましょう❷。色を設定することでフレームがより強調された見せ方ができます❸。

153

No.066 ビデオ映像は最高の臨場感！見せたい場面だけトリミング

スライドにはビデオを挿入できます。写真以上に臨場感が伝わり、効果的に利用すれば見る側を注目させるのに役立ちます。PowerPointでは様々なファイル形式のビデオを挿入でき、映像のトリミングも可能です。

"魅せる"法則
- 臨場感を直接伝えるにはビデオを使う！
- トリミングワザを使えば、見せたい場面だけ挿入できる！
- YouTube映像にリンクして見せることも可能！

スマートフォンやビデオカメラで撮影した動画ファイルをスライドに直接挿入できます。再生も簡単でボタンをクリックするだけです。ただし、動画ファイルそのものをオブジェクトとして挿入するため、ファイル全体の容量が大きくなります。入れすぎは禁物であることを心得ましょう。

スライドに動画ファイルを挿入したサンプル

再生のための便利なコントロールバーも表示される

保存済みのビデオを挿入する

1 [挿入]タブの[メディア]ボタンをクリック

2 [ビデオ]ボタンをクリックし、[このコンピューター上のビデオ]を選択

3 挿入したいビデオファイルを指定

4 [挿入]ボタンをクリック

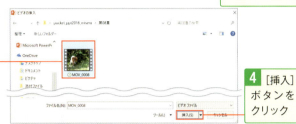

5 ビデオがスライドに挿入される

6 コントロールバーを使えば、再生や音量なども調整できる

⬆スキルアップ Webサイトのビデオファイルにリンクする

YouTubeなどのビデオファイルにリンクして映像を再生することができます。ビデオファイルそのものを挿入するわけではないため、挿入しても全体のファイルサイズに影響がありません。[挿入]タブの[ビデオ]ボタンから[オンラインビデオ]を選択したら、[YouTube]にキーワードを入力して映像を検索しましょう❶。検索結果でビデオを選び❷、[挿入]ボタンをクリックするとスライドに挿入できます❸。挿入したビデオをダブルクリックすると、再生用のボタンが表示されます❹。

155

ビデオを編集する

挿入したビデオ映像は、見せたい場面だけを残していらない場面をトリミングすることができます。高価な画像編集用のアプリケーションを使わずともPowerPoint上で操作できるため、覚えておきたい機能です。

1 ビデオを選択

2 [再生]タブの[ビデオのトリミング]ボタンをクリック

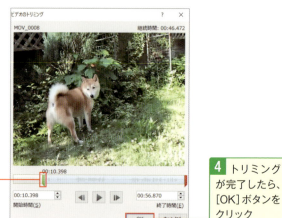

3 映像を見ながらスライダーをドラッグして開始位置を指定

4 トリミングが完了したら、[OK]ボタンをクリック

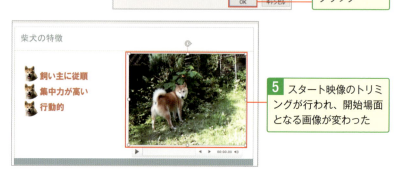

5 スタート映像のトリミングが行われ、開始場面となる画像が変わった

第 9 章
動きはスマートさで魅せる!

アニメーションによる動きを付けられるのは、紙の資料にはないスライドの醍醐味です。分かりやすさやインパクトをプラスして、視聴者を飽きさせない一方で、凝りすぎると見にくくなることも。効果的なアニメーションの使い方、設定テクニックをまとめてチェックしましょう。

No. 067 アニメーションはシンプル一択 奇をてらわずに効果を上げよう

スライドにアニメーションを設定すると、説明に合わせて箇条書きやグラフが少しずつ出てくるなど、プレゼンに動きが生まれ、視聴者を飽きさせません。シンプルで奇をてらわないアニメーションを選ぶのがコツです。

> **"魅せる"法則**
> ● 華やかでも文字が読みづらくなるアニメーションはNG!
> ● プレビューで確認しながら選ぶべし!

アニメーションには様々な種類があります。華やかなものの中には、凝りすぎて文字などが読みづらくなってしまうものがあります。シンプルなものを選べばアニメーション本来の効果が発揮できます。

箇条書きに「ホイール」アニメーションを設定すると、文字が読みづらくなりアニメーションを設定した効果がない

「ワイプ」などシンプルなアニメーションを選べば、箇条書きを柱ごとに表示することができ、アニメーションを設定した効果がある

プレビューで効果を確認しながら選ぶ

アニメーションで最も多く利用するのが「開始効果」です。よく使うもの以外にも様々な種類があるため、ダイアログボックスの一覧から効果を選択してプレビューで確認しながら決定するとよいでしょう。

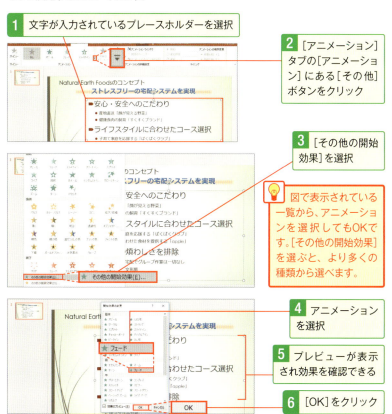

1 文字が入力されているプレースホルダーを選択

2 [アニメーション]タブの[アニメーション]にある[その他]ボタンをクリック

3 [その他の開始効果]を選択

> 図で表示されている一覧から、アニメーションを選択してもOKです。[その他の開始効果]を選ぶと、より多くの種類から選べます。

4 アニメーションを選択

5 プレビューが表示され効果を確認できる

6 [OK]をクリック

↑スキルアップ　どの「方向」から出現するのかを変更できる

設定したアニメーションの種類によっては、表示する方向を指定できます。アニメーションを設定後に[効果のオプション]ボタンをクリックし❶、方向を選びましょう❷。

No.068 時間差アニメで手間いらずに操作を減らしてプレゼンに集中

スライドショー中に何度もアニメーション操作が必要な場合、操作に意識が向き、プレゼンに集中できません。「時間差アニメーション」を活用して操作を減らしましょう。1秒遅れで次々情報を表示するなども簡単です。

"魅せる"法則
- プレゼン中のクリック操作は必要最小限に抑えるべし
- 「直前の操作と同時」などで自動的に表示される!
- 表示するタイミングは説明の長さに合わせて調整せよ!

箇条書きなどにアニメーションを設定したあと、先頭に表示される数値は、表示順を表わすとともにその回数分の操作をするということでもあります。これが多くなると、説明しながら操作もしなければならず、大変です。操作をなるべく減らすことでプレゼンターは説明に集中でき、見た目にもスマートなプレゼンを実施できます。

Before

メリット
- 複数人への即時送信が可能
- 文字情報として履歴が残る
- ファイルを添付して送信可能
- 相手の文章を引用して返信可能
- FAXと比べ気密性が高い

デメリット
- 緊急の用件には不向き
- 格式重視の文書には使えない
- 感情を読み取りづらい
- 誤送信等の事故の可能性
- 添付ファイルのサイズ制限

通常の設定をしたサンプル。表示するための操作は合計12回もある

After

メリット
- 複数人への即時送信が可能
- 文字情報として履歴が残る
- ファイルを添付して送信可能
- 相手の文章を引用して返信可能
- FAXと比べ気密性が高い

デメリット
- 緊急の用件には不向き
- 格式重視の文書には使えない
- 感情を読み取りづらい
- 誤送信等の事故の可能性
- 添付ファイルのサイズ制限

時間差アニメーションを設定したサンプル。合計2回のクリックで済むため、説明に集中できる

「直前の動作の後」で自動的に表示する

一度の操作で自動的に表示される仕組みにしたい場合は、「直前の動作と同時」または「直前の動作の後」を選びます。[直前の動作の後]を選ぶと、図のように「1秒遅れで次々と情報を表示する」といった設定も可能です。

No. 069 まるで映画!? 開始と終了効果で画像を大きく次々に魅せる

1枚のスライドで大きいサイズの画像を複数見せたいときは、開始効果と終了効果の合わせ技を使いましょう。1枚1枚はっきりと見せることができ、まるで映画のオープニングのような印象を与えられます。

> **"魅せる"法則**
> - 写真を1枚ずつ印象的に見せたい時は「開始効果」と「終了効果」を両方設定せよ!
> - はじめに表示するものを前面にしてからアニメーション

大きな写真を複数枚見せたい場合は、スライドを複数枚にして1スライドずつ見せるのが定番です。しかし、アニメーションを利用して、1枚のスライドに大きな写真を複数重ねて、それぞれにアニメーションの開始と終了効果を設定することで、スライドの枚数も無駄に使わず、しかも印象的に見せることができます。

一見すると、写真が重なり合って意味不明なスライド

それぞれの画像に開始と終了効果が設定されておりスライドショーを実行すると、1枚ずつ見せることができる

開始と終了効果を設定する

1 アニメーションを設定する画像は、最初に表示するものを前面にして順に背面に配置

2 最初に表示する画像を選択

3 開始効果を設定

4 ［アニメーション］タブの［アニメーションの追加］ボタンをクリック

💡 設定する際に画像が選択できるように、少し配置をずらしておきましょう

5 ［終了］一覧からアニメーション効果を指定

6 他の画像にも「開始」と「終了」効果を設定

7 動作確認のスライドショーを実行すると、クリックで最初の画像が表示される

8 クリックすると画像がスライドから消える

9 クリックするごとに次の画像が現われ→消えるが繰り返される

第9章 069 開始効果と終了効果

No. 070 グラフはアニメーションで！系列ごとの表示で興味をあおれ

スライドショーでのグラフは、種類に合わせたアニメーションを設定し、系列ごとに見せていくのが効果的です。説明しながら少しずつ表示されると、期待感も高まり、スライドへの興味をあおることができます。

"魅せる"法則
- 棒グラフは"ワイプ"で上へ伸ばせ！
- 円グラフは"ホイール"で時計周りに表示させよ！

たとえば、棒グラフは、アニメーションから「ワイプ」を選び、方向を「下から」に設定すれば、グラフの種類と見せ方がマッチし、効果的です。このようにグラフの特性に合わせてアニメーションを選ぶと、聞き手を飽きさせない、動きのあるプレゼンが行えます。

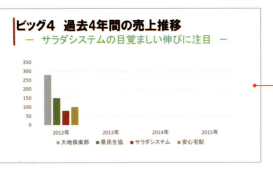

棒グラフに「ワイプ」アニメーションを設定して系列ごとに見せている。下から上に伸びていく効果が棒グラフに合っている

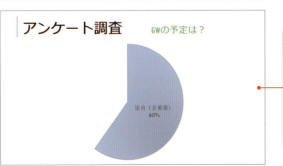

円グラフに「ホイール」アニメーションを設定してスライドショーで見せている。時計回りに系列を見せている点が効果的

棒グラフに下から伸びるワイプを設定する

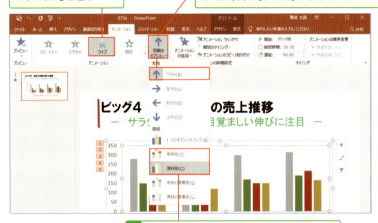

円グラフに時計回りのホイールを設定する

No. 071 動く案内図やフローチャートも軌跡アニメーションなら簡単!

アニメーションの究極ワザは、オブジェクトを軌跡に沿ってゴールまで動かす設定です。これを使えば、動く案内図や、オブジェクトが辿るフローチャートなど一風変わったスライドも簡単に作成できます。

"魅せる"法則
- 「ユーザー設定」を使えば通過点を指定しながら自由に動くアニメーションが作成できる!
- ゆっくり動かす場合は「継続時間」を延ばせ!

たとえば、道順案内をする時、最寄り駅から目的地までオブジェクトを動かせばわかりやすいでしょう。PowerPointのアニメーションを使えばそんなことも簡単にできます。通過点を指定するだけで自由に動かすことができるのです。

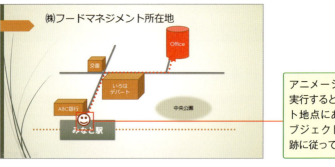

アニメーションを実行すると、スタート地点にあったオブジェクトが、軌跡に従って動く

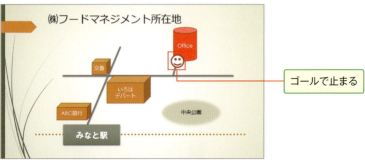

ゴールで止まる

オブジェクトを通過点を通ってゴール動かす

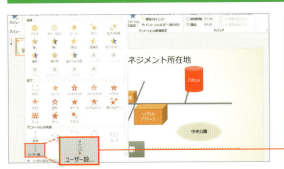

1 オブジェクトを選択して、[アニメーション]タブの[アニメーション]にある[その他]ボタンをクリック。「アニメーションの軌跡」一覧から[ユーザー設定/パス]を選択

2 スタート地点をクリック

3 通過点をクリック

4 終点位置でダブルクリック

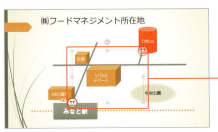

5 軌跡をたどって動くアニメーションが設定される

◎スキルアップ ゆっくり動かすときは「継続時間」を延ばす

軌跡をたどるアニメーションは既定では比較的速い動きになっています。動きを確認しやすいようにゆっくりと動かすには、対象のオブジェクトを選択し❶、[アニメーション]タブの[継続時間]の数値を大きくしましょう❷。

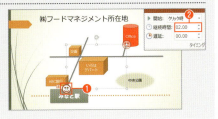

No. 072 映画のようなエンドロールはスタッフが多い場合に活用を

余韻を残したプレゼンテーションをしたい場合、映画のエンドロールのように会社名や制作者の情報を流す方法があります。終了効果の「スライドアウト」を使って設定しましょう。[継続時間]を長めにするのがコツです。

"魅せる"法則
- エンドロールは終了効果の「スライドアウト」を使え！
- エンドロールはゆっくりと表示するため、「継続時間」を長めに指定せよ！

エンドロールは、プレゼンの最後に画面の下から上に向かって会社名や制作者の氏名などをゆっくりと表示する方法です。映画のラストのスタッフのクレジットによく使われます。長い時間を要するプレゼンや、多くのスタッフの協力を得て制作した資料などで最後に流すのが効果的です。

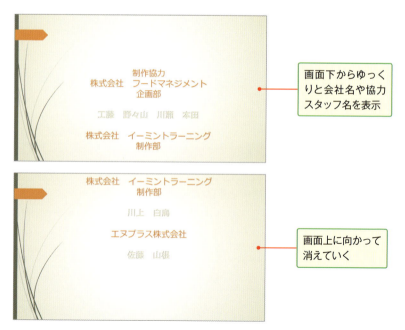

画面下からゆっくりと会社名や協力スタッフ名を表示

画面上に向かって消えていく

終了効果の「スライドアウト」を活用する

エンドロールを作るには、終了効果の「スライドアウト」を使います。コツは、いったんアニメーションを設定してから、文字が入力されているオブジェクトの位置をスライドの外側まで移動することです。また、エンドロールはゆっくりと表示させることがコツなので、「継続時間」でスピード調整します。

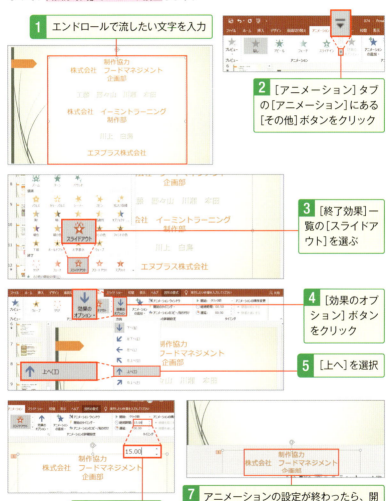

1. エンドロールで流したい文字を入力
2. [アニメーション]タブの[アニメーション]にある[その他]ボタンをクリック
3. [終了効果]一覧の[スライドアウト]を選ぶ
4. [効果のオプション]ボタンをクリック
5. [上へ]を選択
6. [継続時間]に秒数を指定する
7. アニメーションの設定が終わったら、開始位置となるスライドの下外側まで、文字が入力されているオブジェクトを移動する

No. 073 図解を効果的にするアニメワザ
SmartArtをプロセスで表示

SmartArtでは、意図が伝わるように部分ごとに見せるアニメーションを設定します。最も効果的な順序を考えながら、詳細を決めるとよいでしょう。「効果のオプション」を活用すると、自由自在に設定できます。

> **"魅せる"法則**
> - SmartArtは説明に合わせて部分ごとに表示せよ!
> - [効果のオプション]を使いこなして方向や表示のまとまりを決めるべし!

SmartArtはプロセスや概念、思考の過程などを伝える際に用いる図解なので、アニメーションは説明の順序に合わせて表示される設定にします。1つずつ表示したり、まとめて表示するなど様々な見せ方ができます。なお、複雑なアニメーションを設定するときは、アニメーションウィンドウを使うと操作しやすくなります(次ページ下段参照)。

ステップを左から右に向かって1つずつ見せていくアニメーション

ピラミッドストラクチャーは、階層ごとにまとめて表示したり、1つずつ表示するアニメーションで説明に合わせるように工夫する

ステップを1つずつ表示する

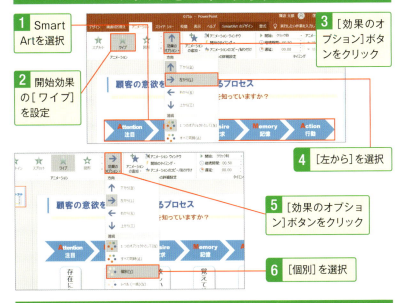

特定の階層だけ一度に表示する

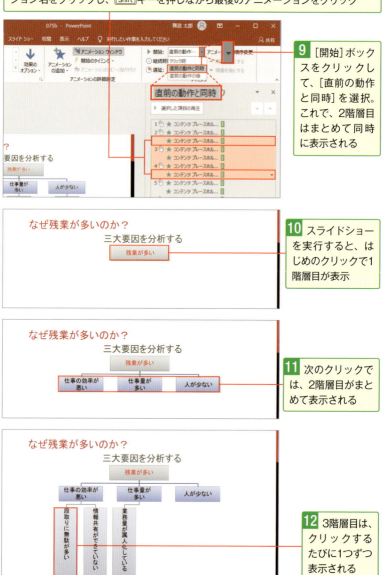

第10章
プレゼン本番は臨場感で魅せる!

発表のための機能が盛り込まれているのも、プレゼンテーション用のアプリであるPowerPointの特徴の1つです。操作の過程を視聴者に感じさせないスマートな発表を実現する「発表者ビュー」をはじめ、わかりやすさをアップするズームや書き込みなど便利な機能が揃っています。

No. 074

発表者ビューでスマートに！ジャンプや別アプリ起動もOK

PowerPointでは、スライドショー時に「発表者ビュー」が利用できます。特定のスライドへのジャンプなどの操作も過程を見せることなく行え、スマートなプレゼンが実現できます。

> **"魅せる"法則**
> ◉ プレゼンター側の操作を見せないためには「発表者ビュー」を利用すべし！
> ◉ プレゼン中に別アプリを起動して確認もできる！

「発表者ビュー」の便利な点は、プレゼン本番時に操作する過程を見せずに済む点です。これまでは、特定のスライドにジャンプする場合などにスクリーン上で操作の過程そのものが見えていましたが、発表者ビューを活用すると、プレゼンターの画面だけで操作できるため、スマートなプレゼンが実現できます。

スライドショーを実行すると、プレゼンターのパソコン画面は「発表者ビュー」に切り替わる

スクリーンにはスライドが最大化して表示される

❶ スキルアップ
発表者ビューの表示方法

発表者ビューは、スライドショー実行中にポインターを画面左下に移動して、［…］ボタンをクリックし、［発表者ビューを表示］を選択して表示します。

第10章 プレゼン本番は臨場感で魅せる！

スライドショー中にタスクバーから別のアプリを起動

1 スライドショー中に、タスクバーのアプリをクリック

⚠ 発表者ビューにタスクバーが表示されていないときは、画面上部の[タスクバーの表示]をクリックして表示できます。なおこのタスクバーは、スクリーンには表示されません。

2 アプリが起動して内容を確認したり、操作したりできる

順番をとばして別のスライドへ一気にジャンプ

1 [すべてのスライドを表示]ボタンをクリック

2 すべてのスライドが表示される(この時スクリーンにはすべて表示されず変化はない)

3 一覧からジャンプ先のスライドをクリック

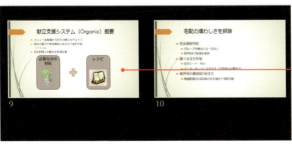

4 目的のスライドが表示され、スクリーンにもジャンプ先のスライドが表示される

No. 075 説明箇所を大きく見せたい！発表者ビューで簡単ズーム

発表者ビューには、見せたい箇所だけを拡大する機能があります。特に文字や詳細な図解は拡大することで見る側の理解の手助けになります。拡大エリアを移動したり、元のサイズに戻したりすることも簡単にできます。

>
> "魅せる"法則
> - スライド内の情報が多い場合は、ズームを使うべし！
> - ズームにより「今どこを説明しているか」が明確になる！
> - 発表者ビューで「ズーム」ボタンをクリックすればOK！

印刷を前提とした提案書などでは、そのままスライドショーをしても詳細すぎて見えないことが多くあります。「ズーム」はスライド内の任意の箇所を拡大して表示する機能です。大きく見えるメリットの他に、「今どこを説明しているのか」も明確になります。「発表者」ビューのズームボタンで操作します。

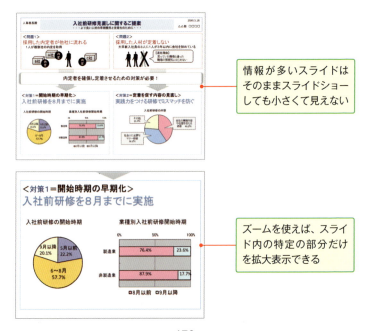

情報が多いスライドはそのままスライドショーしても小さくて見えない

ズームを使えば、スライド内の特定の部分だけを拡大表示できる

第10章 プレゼン本番は臨場感で魅せる！

ズームボタンで特定のエリアをフォーカスする

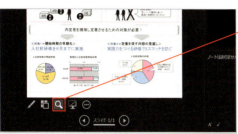

1 スライドショー中に、[ズーム]ボタンをクリック

> ズームボタンは「発表者ビュー」で利用できます。「発表者ビュー」は174ページの方法で表示します。

2 拡大する範囲は明るく、非表示になる個所は暗く表示される

3 拡大したいエリアが明るくなった状態でクリック

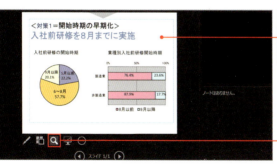

4 明るい箇所だけが拡大して全画面に表示される

5 元のサイズに戻すには、もう一度[ズーム]ボタンをクリック

⬆ スキルアップ 拡大箇所を移動する

拡大中に拡大箇所を移動するには、ズーム実行中にエリア内をドラッグします❶。

No.076 重要ポイントをマーカーで強調 「その場で書く」で増す臨場感

プレゼン本番中は臨場感が大切です。例えば説明しながらその場でスライドに書き込みをすると、最初から書いておくより聞き手に深い印象を残し、強調ポイントを強めます。蛍光ペンやペン機能を使い分けましょう。

"魅せる"法則
- 大切なことは「その場で」手書きで加えるべし！
- マーカーを引きながらプレゼンすると、動きが出るとともに、強調ポイントが明確になる！

「ココが大切ですよ」と伝えたい時、アンダーラインを引いておいたり、アニメーションを設定したりなど強調するための編集は様々ありますが、本番中に手書きで「ココが」とその場でマーカーを引くと、編集やアニメーションとは違った臨場感が出ます。

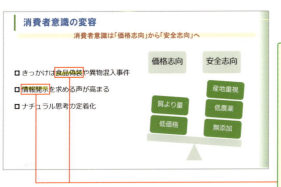

スライドショー中に、強調ポイントにマーカー指定した例。見栄えはよくないが「今、ココ」が明確に伝わりやすい。また、マーカーは上から書き加えても文字が読めなくなったりせず、邪魔にならない

◎スキルアップ　注釈の保持を選択できる

設定した蛍光マーカーを削除しないでスライドショーを終了すると、マーカー指定した部分を残すか否かを確認する画面が表示されます。状況に応じてクリックしましょう。

蛍光ペンなら文字に重ねて引いても邪魔にならない

1 発表者ビューで[ペン]ボタンをクリック

2 [蛍光ペン]を選択

💡 蛍光ペンは文字の上に重ねて引いても無駄にならず、さりげない強調に便利です。また「ペン」を選んで書き込みもできます。

3 強調したい文字をドラッグすると、黄色い蛍光マーカーが引かれる

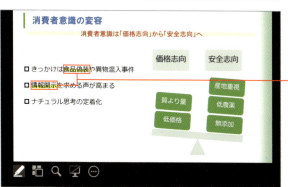

4 スライド上に引いた蛍光マーカーを消したい場合は、[ペン]ボタンから[消しゴム]を選ぶ

5 マーカー指定した部分をクリックすると、マーカー指定が削除される

No.077 プレゼン中にスライドを隠す！ブラックアウトでメリハリを

プレゼン中にブラックアウトにし、あえてスライドを「見せない場面」を作ることでメリハリが出せます。たとえば最初の自己紹介や現物を見せるときにブラックアプトにすると、スライドではなく人に注目させられます。

> **"魅せる"法則**
> - プレゼンターに注目させたいときは、「ブラックアウト」！
> - 発表者ビューの「カットアウト/カットイン」ボタンで簡単設定！

プレゼンスタート時は、プレゼンターの自己紹介から始まることも多く、スライドに注目させるよりプレゼンターに注目させることが大切です。このような場面でブラックアウトを使います。また、ブラックアウトで見せない場面を作ると、再びスライドが表示されたときのインパクトが増し、思わず視線が釘付けになる効果もあります。

プレゼンスタート時の挨拶はブラックアウトにして、プレゼンターに注目させる

ブラックアウトが解除されると、思わず視線はスクリーンにいく

第10章 プレゼン本番は臨場感で魅せる！

発表者ビューの［カットアウト/カットイン］ボタンを使う

ブラックアウトの実行は様々な操作方法があります。ここでは、ボタンを使って操作する方法を解説します。このほかショートカットキーであるアルファベットのBキーを押す操作も可能です。

1 スライドショー中の発表者ビュー画面で、［カットアウト/カットイン］ボタンをクリック

2 画面がブラックアウトになる

3 元の表示戻すには再び［カットアウト/カットイン］ボタンをクリック

◆スキルアップ ホワイトアウトも可能

使う頻度はあまりありませんが、スクリーンを白くする「ホワイトアウト」機能もあります。発表者ビューで［その他のスライドショーオプション］ボタンをクリックし❶、［スクリーン］→［スクリーンを白くする］を選択しましょう❷。元の表示に戻すには、ブラックアウトの場合と同じく［カットアウト/カットイン］ボタンをクリックします。

No. 078 1つのプレゼンを何通りにも！ショート版や相手別にアレンジ

プレゼンは、与えられた時間や目的に合わせてスライドの枚数を調節することが大切です。1つのファイルでいろいろなプレゼンに対応できるようにするには、「目的別スライドショー」の作成がおススメです。

"魅せる"法則
- 時間や目的に合わせて使うスライドだけに絞るべし！
- 「目的別スライドショー」を作ればファイル1つでいろいろなプレゼンに対応できる！

「目的別スライドショー」の便利な点は、元のファイルは1つだけでいろいろなプレゼンに対応できるように複数のスライドショーパターンを登録できる点です。共通部分に修正が入った場合、何カ所も修正しなくて済みます。

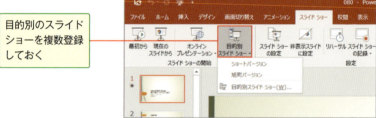

目的別のスライドショーを複数登録しておく

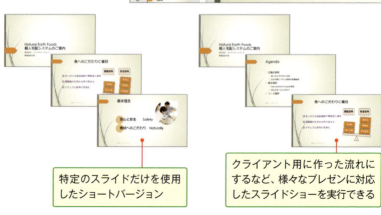

特定のスライドだけを使用したショートバージョン

クライアント用に作った流れにするなど、様々なプレゼンに対応したスライドショーを実行できる

目的別スライドショーを新規で作成する

1 [スライドショー]タブの[目的別スライドショー]ボタンをクリック

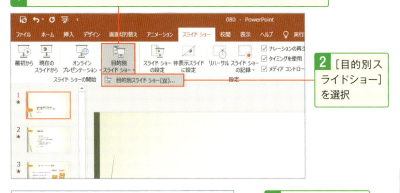

2 [目的別スライドショー]を選択

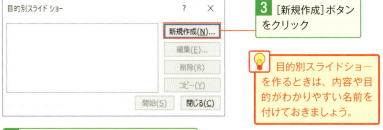

3 [新規作成]ボタンをクリック

💡 目的別スライドショーを作るときは、内容や目的がわかりやすい名前を付けておきましょう。

4 作成するスライドショーの名前を入力

5 必要なスライドのタイトルにチェックを付ける

6 [追加]ボタンをクリック

7 チェックを付けたスライドのタイトルが一覧で表示される

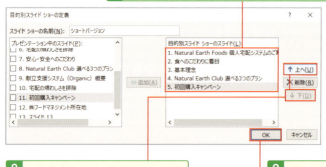

8 順序を変更したい時は、タイトルを選択して[上へ]や[下へ]をクリック

9 内容が決定したら、[OK]ボタンをクリック

10 目的別スライドショーが登録された

11 [開始]ボタンをクリックすると、登録したスライドショーが開始され、動作確認ができる

⊕スキルアップ 作ったけど見せないスライドは「非表示」にできる

PowerPointで作成したファイルを使ってプレゼンを行う場合、投影するスライドと投影しないスライドを指定できます。削除ではなく「非表示」にするだけなので、ファイルを分ける手間もなく便利です。表示にしたいスライドを選択したら❶、[スライドショー]タブの[非表示スライドに設定]をクリックするだけで非表示になります❷。なお、再度[非表示スライドに設定]をクリックすると元に戻ります。

本書で使ったスライド一覧

本書で使ったスライドから主だったものを並べました。きっと制作のヒントになるものがあるはずです。インターネットからデータをダウンロードできますので、ぜひご活用ください。

ヘッダー領域の活用 P.024

背景画像に図形を重ねて透過 P.028

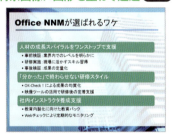

タイトルをバンド状にして透過 P.030

大タイトルの3本柱が明確 P.032

メリット・デメリットを左右配置 P.034

4つのコンテンツ配置 P.036

A4縦長のスライドサイズ P.038

ヘッダーにメッセージ掲載 P.044

箇条書きと階層で読みやすく P.046

縦書きと横書きの組み合わせ P.054

レベルで文字サイズに差を付ける P.056

同系色のトーン差でメリハリを付ける P.066

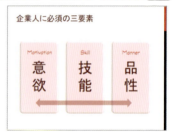

寒色系で知的さやビジネス感を出す P.070

重要点は赤でまとめ他は寒色系 P.074

主役の系列以外は無彩色に P.092

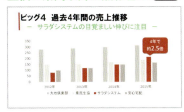

注目系列を太くそれ以外は細く P.096

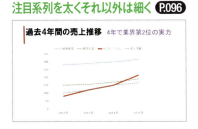

100%積み上げ横棒で帯グラフに P.100

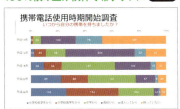

シンプルな基本図形の活用例 P.110

三角形や矢印を視線の誘導に活用 P.116

情報を四角形でグルーピング P.118

時系列にグラデーションを設定 P.120

箇条書きをSmartArtに変換 P.122

ピラミッドストラクチャーの作成例 P.128

SmartArtを図形に変換して編集 P.132

スライド間を行き来する仕組み P.134

人物と背景の透明化でなじませる P.142

禁止、丸印と組み合わせた絵記号 P.144

ビフォアアフターや古さや危機感の表現 P.146

図形に合わせて写真をトリミング P.148

「背景の削除」で切り抜き P.150

フレーム付きのスタイル P.152

軌跡アニメーション P.166

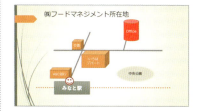

動画ファイルの挿入 P.154

プロセスごとに表示するアニメーション P.170

複数の画像を次々と見せる P.162

目的別アニメーション P.182

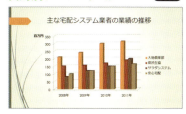

円グラフに「ホイール」アニメーション P.164

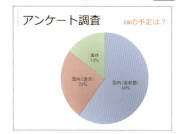

INDEX ◎索引

【数字・英字】

- 100%積み上げ横棒 …………………… 100
- 3-D回転 …………………………………… 51
- 3W+T分析 ……………………………… 12
- 4つのコンテンツ配置 ………………… 36
- Excelの表 ……………………………… 88
- SmartArt ………………………… 122,124
- SmartArtのアニメーション ………… 170
- Wordの表 ……………………………… 86
- YouTubeにリンク …………………… 155

【あ行】

- アウトライン …………………………… 18
- アジェンダスライド …………………… 32
- アニメーション ……………………… 158
- アンダーライン ……………………… 114
- イラスト ……………………………… 138
- 色の3属性 ……………………………… 60
- 色の設定 ………………………………… 61
- インデント ……………………………… 47
- インデントの増減 ……………………… 43
- ウォッシュアウト ……………………… 29
- 埋め込み ………………………………… 88
- 絵記号 ………………………………… 144
- 円グラフ ……………………………… 102
- エンドロール ………………………… 168
- おすすめグラフ ……………………… 107
- 帯グラフ ……………………………… 100
- オリジナルテンプレート ……………… 40
- 折れ線グラフ …………………………… 96

【か行】

- 開始効果 ……………………………… 163
- 階層構造 ……………………………… 126
- ガイド …………………………………… 35
- 箇条書き ………………………………… 46
- 画像編集 ……………………………… 150
- カットアウト/カットイン …………… 181
- カラーホイール ………………………… 60
- 寒色 ………………………………… 60,70
- 軌跡アニメーション ………………… 166
- 行間 ……………………………………… 48
- 組み合わせグラフ …………………… 108
- グラデーション …………………… 68,95
- グラフのアニメーション …………… 164
- グルーピング ………………………… 118
- グループ解除 ……………………… 27,133
- グレースケール ……………………… 147
- 蛍光ペン ……………………………… 179
- 罫線 ……………………………………… 82
- 効果 ……………………………………… 50

【さ行】

- 彩度 ……………………………………… 61
- 時間差アニメーション ……………… 160
- 色相 ……………………………………… 60
- 下付き …………………………………… 58
- 縦横比 …………………………………… 34
- 終了効果 ……………………………… 163
- 上下中央揃え …………………………… 81
- 書式のコピー/貼り付け ……………… 53
- 書体 ……………………………………… 52
- 数値軸 …………………………………… 91
- ズーム(発表者ビュー) ……………… 176
- 図形 …………………………………… 110
- 図形に合わせてトリミング ………… 149
- 図形に変換 …………………………… 132
- 図形のサイズ・配置 ………………… 112
- 図形の追加 …………………………… 127
- 図形の塗りつぶし ……………………… 76

スタイルのオプション	79
スライドアウト	169
セピア	147
線種のカスタマイズ	115
線なし	119
線の色・太さ・線種	97
素材集	139

【た行】

第2軸	106
タイトルスライド	30
縦書き	54
縦長レイアウト	38
暖色	60,70
段落番号	33
段落前	49
中央揃え	80,81
中間色	70
データラベル	99
テーマ	26
テクスチャ	94
テンプレートとして保存	42
透過	29
動画ファイル	154
同系色	60,65,66
動作設定ボタン	134
透明化	142
透明度	28,72
トリミング	148
ドロップキャップ	58

【は行】

背景の削除	151
配色	62,71
配置	80
発表者ビュー	174
バリエーション	63,71
貼り付け	88

凡例	98
左揃え	81
ビデオ映像	154
ビデオの編集	156
ビフォアアフター	146
ピラミッドストラクチャー	128
フォントサイズの拡大	57
複合グラフ	106
複数図形のコピー	35
ブラックアウト	180
フレーム付きスタイル	152
フレームの色	153
ヘッダー	24
変形	51
補色	60,65

【ま行・や行・ら行】

マーカー	97
マスター	40
マニュアル作成	38
右揃え	81
無彩色	92
明度	61,65
メリット・デメリット	34
面グラフ	104
目次スライド	32
目的別スライドショー	182
文字サイズの変更	56
文字の間隔	57
矢印	116
ラベルオプション	103
レイアウト作成	37
レイアウト変更	130
ロイヤリティフリー	139
ロジックツリー	126
ワードアート	45

【問い合わせ】
本書の内容に関する質問は、下記のメールアドレスおよびファクス番号まで、書籍名を明記のうえ書面にてお送りください。電話によるご質問には一切お答えできません。また、本書の内容以外についてのご質問についてもお答えすることができませんので、あらかじめご了承ください。なお、質問への回答期限は本書発行日より2年間（2021年8月まで）とさせていただきます。

メールアドレス：pc-books@mynavi.jp
ファクス：03-3556-2742

【ダウンロード】
本書のサンプルデータを弊社サイトからダウンロードできます。下記のサイトより、本書のサポートページにアクセスしてください。また、ダウンロードに関する注意点は、本書3ページおよびサイトをご覧ください。

https://book.mynavi.jp/supportsite/detail/9784839968601.html

ご注意：上記URLはブラウザのアドレスバーに入れてください。GoogleやYahoo!では検索できませんのでご注意ください。サンプルデータは本書の学習用として提供しているものです。それ以外の目的で使用すること、特に個人使用・営利目的に関らず二次配布は固く禁じます。また、著作権等の都合により提供を行っていないデータもございます。

速効！ポケットマニュアル
PowerPoint 魅せる プレゼンワザ
2019 & 2016 & 2013

2019年8月28日　初版第1刷発行

著者 ……………… 速効！ポケットマニュアル編集部
発行者 …………… 滝口直樹
発行所 …………… 株式会社マイナビ出版
　　　　　　　　〒101-0003　東京都千代田区一ツ橋2-6-3　一ツ橋ビル2F
　　　　　　　　TEL 0480-38-6872（注文専用ダイヤル）
　　　　　　　　TEL 03-3556-2731（販売部）
　　　　　　　　TEL 03-3556-2736（編集部）
　　　　　　　　URL：https://book.mynavi.jp

装丁・本文デザイン … 納谷祐史
イラスト ………………… ショーン＝ショーノ
DTP ……………………… 納谷祐史、田崎隆史
印刷・製本 …………… シナノ印刷株式会社

©2019 Mynavi Publishing Corporation, Printed in Japan
ISBN978-4-8399-6860-1
定価はカバーに記載してあります。
乱丁・落丁本はお取り替えいたします。
乱丁・落丁についてのお問い合わせは「TEL0480-38-6872（注文専用ダイヤル）、電子メール：sas@mynavi.jp」までお願いいたします。
本書は著作権法上の保護を受けています。
本書の一部あるいは全部について、著者、発行者の許諾を得ずに、無断で複写、複製することは禁じられています。
本書中に登場する会社名や商品名は一般に各社の商標または登録商標です。